Goût du monde ou saveurs locales ?

Catalogage avant publication de Bibliothèque et Archives nationales du Québec et Bibliothèque et Archives Canada

Raymond, Hélène, 1955-

    Goût du monde ou saveurs locales

    Comprend des réf. bibliogr

    ISBN 978-2-89544-146-5

    1. Aliments – Consommation. 2. Aliments – Approvisionnement. 3. Préférences alimentaires. 4. Habitudes alimentaires. I. Titre.

    HD9000.5.R39 2009   339.4'86413   C2009-940647-0

Impression :
LithoChic

Photographies :
À moins d'indication contraire, les photographies sont de l'auteure.

© Éditions MultiMondes 2009
ISBN 978-2-89544-146-5
Dépôt légal – Bibliothèque nationale du Québec, 2009
Dépôt légal – Bibliothèque nationale du Canada, 2009

15%

Imprimé avec des encres végétales sur du papier dépourvu d'acide et de chlore et contenant 50% de matières recyclées dont 15% de matières post-consommation.

IMPRIMÉ AU CANADA/PRINTED IN CANADA

Hélène Raymond

Goût du monde ou saveurs locales ?

éditions
MultiMondes

ÉDITIONS MULTIMONDES
930, rue Pouliot
Québec (Québec) G1V 3N9
CANADA
Téléphone: 418 651-3885
Téléphone sans frais: 1 800 840-3029
Télécopie: 418 651-6822
Télécopie sans frais: 1 888 303-5931
multimondes@multim.com
http://www.multim.com

DISTRIBUTION AU CANADA
PROLOGUE INC.
1650, boul. Lionel-Bertrand
Boisbriand (Québec) J7H 1N7
CANADA
Téléphone: 450 434-0306
Tél. sans frais: 1 800 363-2864
Télécopie: 450 434-2627
Téléc. sans frais: 1 800 361-8088
prologue@prologue.ca
http://www.prologue.ca

DISTRIBUTION EN FRANCE
LIBRAIRIE DU QUÉBEC
30, rue Gay-Lussac
75005 Paris
FRANCE
Téléphone: 01 43 54 49 02
Télécopie: 01 43 54 39 15
direction@librairieduquebec.fr
http://www.librairieduquebec.fr

DISTRIBUTION EN BELGIQUE
La SDL Caravelle S.A.
Rue du Pré aux Oies, 303
Bruxelles
BELGIQUE
Téléphone: +32 2 240.93.00
Télécopie: +32 2 216.35.98
Sarah.Olivier@SDLCaravelle.com
http://www.SDLCaravelle.com/

DISTRIBUTION EN SUISSE
SERVIDIS SA
chemin des chalets 7
CH-1279 Chavannes-de-Bogis
SUISSE
Téléphone: (021) 803 26 26
Télécopie: (021) 803 26 29
pgavillet@servidis.ch
http://www.servidis.ch

Les Éditions MultiMondes reconnaissent l'aide financière du gouvernement du Canada par l'entremise du Programme d'aide au développement de l'industrie de l'édition (PADIÉ) pour leurs activités d'édition. Elles remercient la Société de développement des entreprises culturelles du Québec (SODEC) pour son aide à l'édition et à la promotion. Elles remercient également le Conseil des Arts du Canada de l'aide accordée à leur programme de publication.

Gouvernement du Québec – Programme de crédit d'impôt pour l'édition de livres – gestion SODEC.

*À mes enfants gourmets et gourmands,
conscients de leurs racines
et curieux de connaître le monde.*

Remerciements

Merci à tous ceux et celles qui m'ont soutenue et qui se reconnaîtront… Mille fois merci à ceux qui, au détour d'une lecture, d'une conversation, ont ouvert des pistes; aux autres, qui m'ont offert tantôt une, deux, trois heures dans leurs horaires chargés et qui m'ont aidée à «comprendre». Vous m'avez éveillée à des réalités nouvelles, transmis des informations précieuses, pour que ce livre avance.

Ma gratitude va à ceux qui ont commenté les contenus et composé le comité de lecture de cet ouvrage: Jean-Claude Brêthes, Charles Cantin, Jean Joncas, Renée Moreau. Je les remercie de leur patience, comme je remercie l'équipe de MultiMondes de son soutien.

J'offre ma reconnaissance à toutes ces personnes qui ont su me raconter la terre pour que je la raconte à mon tour, et qui m'ont montré qu'un poireau se sème, se cultive puis se transforme en soupe.

Mon affection à Pierre, mon compagnon qui m'a énormément aidée, encouragée, relue, poussée… Sans lui, j'en serais encore aux paroles!

H. R.

Table des matières

Remerciements ix
MISE EN APPÉTIT 1

CHAPITRE 1 – LA POMME
    Si on commençait par le dessert ? 9
    Le fruit du Québec ? 12
    Croquons dans notre histoire pomicole 16
    Ce ne sont plus les arbres fruitiers qui voyagent 25
    Local ou bio ? Pourquoi pas local et bio ? 29
    La cerise et les autres fruits à noyaux 33
    Petites douceurs de la terre 38
    Au fait, qu'est devenu l'exotisme ? 41
    La salade de fruits de l'avenir 52
    Abécédaire des pommes 58

CHAPITRE 2 – LE SUSHI
    Pourquoi les sushis et, à travers eux, les poissons ? 63
    Le phénomène sushi : japonais ? mondial ? 66
    Morue, saumon Atlantique et thon : fragiles survivants des grandes pêches ... 69
    Le commerce du poisson, plus ancien que l'établissement
    des Européens en terre d'Amérique 73
    Petit poisson pourrait encore devenir grand ! 85
    Demain, dans nos assiettes, des poissons bien élevés 87
    Comment se retrouver dans cette soupe de poissons ? 96

Chapitre 3 – Le biscuit

- Affaires de famille et de cuisine 107
- Quelques courses au supermarché 111
- *Abécédaire de la transformation des aliments* 121
- Une autre forme de nouveauté! 128
- Aliments migrateurs 139
- Nomades toujours 147

Chapitre 4 – Petits périples au centre de leur assiette

- Normand Bourgault 156
- Guy Debailleul 157
- Françoise Kayler 158
- Marie Marquis 159
- Ghislain Picard 160
- Claude Villeneuve 161
- Laure Waridel 162

En guise de « vrai » dessert 165

Bibliographie 169

Mise en appétit

Manger pour vivre? Vivre pour manger? Retenez votre réponse, je n'ai surtout pas l'intention de vous cuisiner. L'idée de cette réflexion germe depuis longtemps. Au fil de toutes ces années passées à animer le magazine *D'un soleil à l'autre*, à la Première chaîne de Radio-Canada puis, par le biais de tous ces reportages qui ont suivi à *La Semaine verte* et enfin, par de multiples rencontres avec des agriculteurs, des pêcheurs, des consommateurs, j'ai senti à quel point l'acte de s'alimenter prend encore beaucoup de place : dans le temps que nous consacrons aux courses, à la planification des menus, à la cuisine. Souvent plus que nous voulons le reconnaître. Mais je me suis aussi inquiétée de le voir se transformer : repas fractionnés, menus individuels, perte des savoirs culinaires, aliments usinés, modes, courants, tendances… nous semblons chercher. Des idées, des solutions, du temps.

J'ai repensé à ces hommes et à ces femmes que j'ai eu le bonheur de croiser. J'en ai retrouvé quelques-uns, fait connaissance avec d'autres pour goûter leurs paroles, laisser lever leurs idées, en tentant de ne pas étirer la sauce. J'écoute sans me lasser ces agriculteurs qui savent dire la terre, toutes ces histoires de pêche, ces récits de marchands qui veulent marchander. Je me nourris de ces ailleurs gourmands, de cette cuisine métissée, aux couleurs de notre grand village planétaire.

Imaginons que c'est l'été. Nous irions cueillir une laitue dans un petit potager, tout à côté. Nous couperions quelques herbes fraîches en rentrant dans la cuisine. Puis, nous entamerions le pain et la conversation en parlant de tout, de rien, de vous, de nous. Et nous parlerions de la terre, de ses humains, de ses humeurs. Et, une autre fois, un coin de terre et ses soleils, une banale table de cuisine auraient transformé un bout de journée en un moment de joie. Et parce que dans la joie il y a de l'énergie, nous pourrions nous surprendre à refaire le monde, à partir de notre assiette.

À travers trois exemples, celui des fruits, des poissons et des aliments transformés, nous allons explorer cette planète alimentaire, prendre conscience du poids de nos choix, sans culpabilité aucune mais avec l'assurance des gens qui choisissent en connaissance de cause. En consommateurs éclairés, en mangeurs alertes et surtout en citoyens sensibles et critiques.

Il est certain que nous avons, à des degrés divers et par intermittence, inquiétudes et attentions à l'égard de la planète. La plupart d'entre nous maîtrisent maintenant les étapes de la récupération et du recyclage. En très peu de temps, nous avons adopté les sacs à provisions réutilisables; les initiatives d'autopartage, de covoiturage fonctionnent bien. Mais ce n'est pas tout, le plus difficile reste à faire : apprendre à modérer nos transports, réduire notre consommation générale, choisir mieux, acheter moins et j'ajouterai, manger mieux. L'alimentation est un geste quotidien sur lequel nous avons un contrôle certain. Les décisions que l'on prend, au jour le jour, ont un impact sur l'environnement, la survie des agricultures et des cuisines locales et l'occupation du territoire. Et sur notre santé, bien sûr.

Manger ce n'est pas que remplir une assiette ou assimiler des calories comme on ferait le plein d'essence à la station-service. C'est être «un arbre, qui se nourrit en plongeant ses racines dans le sol et qui a besoin d'eau, de soleil et de soins[1]», pour emprunter la métaphore d'une participante à une vaste enquête internationale sur l'alimentation menée récemment.

Observons nos habitudes : petit-déjeuner rapide, café saisi à la hâte à la machine du bureau. Repas express à midi, au resto ou devant sa boîte à lunch, quelquefois au-dessus du clavier de l'ordinateur, le nouveau napperon. Collation en après-midi. Souper précipité entre le retour du travail et les activités de soirée. Selon Pierre Feillet, directeur de recherche émérite à l'Institut national de recherche agronomique (INRA) en France, malgré cette précipitation alimentaire, nous passons beaucoup de temps à manger et peut-être autant à penser à ce qu'on va manger! Environ 20% du temps éveillé est

---

1. Fischler, Claude et Masson, Estelle, *Manger. Français, Européens et Américains face à l'alimentation*, Paris, Ocha/Odile Jacob, 2008, p. 103.

consacré à la nourriture². Et ces préoccupations alimentaires étaient encore plus présentes hier. Dans des temps très lointains, il fallait trouver sa nourriture, l'économiser pour traverser l'hiver, jouer à la fourmi plutôt qu'à la cigale. Il y a moins de cent ans encore, penser aux provisions, aux repas, à la nourriture en général était primordial. Plus récemment, ne se trouvaient dans le commerce que les ingrédients de base avec lesquels on faisait la cuisine. Dans le potager grossissaient les provisions de vitamines et, dans les pâturages comme en forêt, toute la viande nécessaire pour affronter l'hiver. On dit qu'au moment de la Deuxième Guerre mondiale, les citoyens américains produisaient, dans leur cour, les terrains vagues, les espaces publics disponibles, 40 % de leurs légumes. Et 1945, c'était hier. Contrer la pénurie, s'assurer d'avoir de quoi remplir son assiette tenait alors de la responsabilité individuelle et collective.

Qui se soucie aujourd'hui de faire la fourmi? Qui a besoin de faire ses provisions avant l'hiver? Tout un système de transformation des aliments s'en occupe pour nous. Une industrie organisée, mondialisée qui s'approvisionne en denrées de base à la grandeur du monde et qui distribue ses produits de la même manière. Coke est le mot connu par le plus grand nombre de personnes sur la planète, on parle de la *burgurisation* du monde pour illustrer la progression des chaînes de restauration rapide. Le pouvoir des géants s'accroît. Selon Tim Lang, du Center for Food Policy, à Londres, 19 % des ventes alimentaires enregistrées sont maintenant contrôlées par 10 mégas qui achètent, usinent, distribuent, vendent sous des milliers de marques de commerce. Les budgets publicitaires destinés à l'alimentation ont totalisé des dépenses de 40 milliards de dollars en 2001³.

À elle seule, l'industrie des collations génère des retombées économiques fabuleuses. Les plats cuisinés poussent comme des champignons dans les forêts d'automne. De 2001 à 2006, les statistiques du ministère de l'Agriculture, des Pêcheries et de l'Alimentation du Québec (MAPAQ) révèlent une augmentation de 615 % de la consommation des soupes réfrigérées⁴. Elles n'ont rien en commun avec les sachets, les enveloppes, les cubes ou les boîtes de conserve; elles sont prêtes à manger sans même qu'on ait à sortir un chaudron, puisque

---

2. Feillet, Pierre, *La nourriture des Français. De la maîtrise du feu aux années 2030*, Versailles, Éditions Quæ, 2007, p. 14.
3. Lang, Tim, Millstone Erik, *The Atlas of Food. Who Eats What, Where and Why*, Myriad Brighton Editions/University of California Press, 2008, p. 98.
4. Bioclips +, *Que contient le panier d'épicerie des Québécois?*, vol. 10, n° 5, décembre 2007, p. 9.

le plastique de l'emballage tolère les températures du four à micro-ondes. Pour nous donner bonne conscience, le plat ira au recyclage.

Et s'ajoutent à cette abondance tous les services et les produits appropriés. Des services qui vont de la consultation en diététique au traiteur à domicile. Nous vivons à travers des dizaines de milliers de produits : aliments cuisinés, emballés sous vide, pasteurisés, stérilisés, upérisés ou cuits à haute pression. Les aliments congelés, surgelés, transformés et surtransformés détrônent maintenant les aliments de base. Les légumes se tartinent ; avec l'addition de probiotiques, les yogourts ont pris l'allure de médicaments et l'eau se teinte de saveurs fruitées. Et on mange partout parce qu'on trouve à manger partout : sur l'étage au travail, à la station-service, à la pharmacie. La consommation de grignotines de toutes sortes (noix, tablettes de chocolat, maïs à éclater, etc.) représentait, en 2005, selon l'étude du MAPAQ citée plus haut, «…environ 23 % des repas au Canada, soit la même proportion que les déjeuners». Preuve que l'on peut, aussi, manger tout le temps.

Bio un jour, *junk* le lendemain, *fast food* à midi, *slow food* le samedi, nous allons dans toutes les directions et ne savons plus où donner de la tête. Un peu perdus dans les messages, totalement désorientés dans les allées de nos supermarchés qui contiennent des dizaines de milliers de produits alimentaires. Prisonniers d'un système qui se vante d'introduire jusqu'à 18 000 nouveautés par année, en précisant que bien peu d'entre elles subiront le grand test de la mise en marché. Jamais, dans les sociétés industrialisées, nous n'avons eu autant à manger et jamais, aux dires des experts, nous n'avons connu autant de désordres physiques et psychologiques liés à l'alimentation.

Si nous sommes encore ce que nous mangeons, nous sommes confus, embêtés face à cette industrie en constante recherche de formulations nouvelles, déclinant son offre dans une pléthore de formules et de formats. Une industrie qui appuie sa mise en marché sur des principes de marketing et qui nous fait croire que c'est nous qui créons la demande alors que c'est le contraire qui s'exerce. Une industrie qui décortique notre manière de vivre, observe nos comportements, crée des «besoins» à partir de ces observations. Une industrie qui, depuis la Deuxième Guerre mondiale et l'arrivée des femmes sur le marché du travail, nous rappelle, Nord-Américains que nous sommes, que nous n'avons plus le temps de nous nourrir et qu'elle (l'industrie) «travaille» à nous satisfaire et à nous soulager de cette corvée qu'est devenue la cuisine de tous les jours. Une industrie qui se concentre entre les mains de ces très grands joueurs qui concoctent les formules lactées des nourrissons, les aliments de nos animaux de compagnie et tout ce que l'on mange de l'entrée au dessert, sous des dizaines de marques de commerce. Conquérante de territoires économiques comme d'autres avant elle l'ont été de territoires géographiques.

Pourtant, de toutes les espèces animales qui habitent cette planète, l'humain est la seule espèce qui sache cuisiner, apprêter ses aliments avec art, dextérité. Thierry Tahon, dans *Petite philosophie de l'amateur de cuisine*, écrit : « …imagination, désir, sensation, plaisir, nous tenons là les principaux éléments d'une conception hédoniste de l'existence, et il est clair, à présent, que la cuisine est une des raisons de rester vivant[5] ».

Manger signifie donc beaucoup plus que ce geste associé à la consommation ; manger signifie ce plaisir de goûter, d'associer des saveurs et des gens. Parce que manger, c'est également être avec les autres : ceux de sa famille, les amis, les collègues et même les étrangers quand nous nous retrouvons côte à côte, au restaurant. Manger réconforte quand nous avons de la peine ; rassure les tout-petits. Manger ramène des morceaux d'enfance quand la saveur réveille le souvenir d'une grand-mère ou un moment de voyage. Des déclics amoureux ont lieu à table, les repas d'affaires soulignent les bons coups et aplanissent les différends. On profite de la naissance d'un enfant pour préparer un repas, on collationne après les funérailles pour se consoler avec les gens que l'on aime. Bien manger prévient certaines maladies, manger fait grandir, manger fait rêver. Manger crée autour de la table fous rires et silences… vous connaissez ce moment où toute la tablée se tait à la première bouchée ? Un instant de grâce volé au temps. Notre manière de manger, le soin que nous y mettons, l'intérêt que nous y portons révèlent aussi le regard que nous posons sur le monde.

À preuve ? Jamais notre assiette n'a été aussi bigarrée : le vert des kiwis de la Nouvelle-Zélande, le jaune pâle des couscous maghrébins, le rose des fraises qui voyagent, le rouge de celles que l'on cultive ici. On mange bio, on mange

---

[5]. Tahon, Thierry, *Petite philosophie de l'amateur de cuisine*, Toulouse, Éditions Milan, 2007, p. 32.

éthique, on est végétarien ou végétalien, carnivore, omnivore, locavore[6]! Le contenu d'une assiette est quelquefois signe de militantisme. Influences, tendances, nouveautés, ouverture sur le monde ou position de repli pour contrer les effets pervers de la mondialisation, manger est un acte de plus en plus complexe. Le mangeur a la vie plus difficile aujourd'hui qu'hier.

La planète alimentaire a changé et se transforme actuellement à une vitesse effarante. Il y a beaucoup plus que le café, le thé, les épices et quelques autres denrées exotiques qui voyagent. Les ingrédients, les plats et même l'eau parcourent des milliers de kilomètres avant d'arriver sur nos tables. Fruits et légumes de consommation courante, et ce qu'on appelle les aliments de base, sont aussi transportés sur de longues distances. Pas seulement chez nous; des milliers de paysans de pays en développement ne trouvent rien d'exotique à ces denrées venues de l'étranger, vendues à peu de frais et qui détrônent leur propre récolte sur le marché local. Et plusieurs de ces produits alimentaires sont, à eux seuls, des concentrés de l'agriculture et de l'industrie agroalimentaire de la planète.

Si manger est ce lien étroit qui nous unit aux autres (bien qu'il s'étiole un peu depuis quelque temps), il est aussi ce lien qui nous relie avec la nature. Au-delà de l'air que l'on respire, de l'eau que l'on boit (elle aussi traitée, embouteillée, importée), l'aliment que l'on tire du sol, que l'on cueille, la chair des poissons, celle des animaux sont autant d'attaches planétaires. Leur passage dans notre cuisine pour une étape de transformation, si simple soit-elle, est une façon de sentir la terre et les saisons qui passent.

La plupart d'entre nous confions aujourd'hui aux industriels de la transformation alimentaire la responsabilité de garnir nos assiettes. Nous leur demandons de nous nourrir. Un contrat à long terme qui va de la naissance à la mort; trois fois par jour, sept jours par semaine pour la durée de l'existence. Pendant notre vie, nous allons ingérer des tonnes de nourriture, boire des dizaines de milliers de litres d'eau. À raison de 2000 calories par jour pour une personne qui vivrait 75 ans (la consommation réduite de l'enfance étant compensée par quelques excès de l'âge adulte), on obtient facilement 50 millions de calories et une quantité impressionnante d'aliments et de boissons. Un total qui vaut bien qu'on s'arrête pour réfléchir et se poser quelques questions.

---

6. Locavore: Être locavore, c'est consommer et manger local. Les locavores s'approvisionnent en fonction du climat. Plus la température favorise les récoltes et l'approvisionnement, plus le rayon est court!

Manger est un lien avec les autres, un lien avec la terre. Carlo Pétrini, le président de Slow Food, martèle que manger est un geste politique : à travers nos décisions d'achat nous choisissons de faire vivre tel ou tel producteur, de garder en vie les campagnes, de fermer les yeux sur les conditions de travail des ouvriers agricoles à l'étranger, de nous préoccuper des ententes commerciales qui touchent ce que nous mangeons. «Manger différemment, c'est voter tous les jours», écrivent Stella et Joël de Rosnay une première fois dans *La malbouffe*[7]. «Acheter, c'est voter[8]», reprendra plus tard avec justesse Laure Waridel, chez nous.

Nous avons le choix. Nous avons des choix qui vont beaucoup plus loin que ceux qui s'exercent au moment où nous tendons la main pour saisir un produit sur une tablette de supermarché ou dans un marché public. Des choix individuels et collectifs. Nous avons, depuis la nuit des temps, appris à approcher avec un peu de méfiance ce que nous allions cueillir et manger. Il fallait tout de même faire preuve de prudence pour éviter les empoisonnements. Aujourd'hui, où se situe le doute face à ces dizaines de milliers de produits alimentaires disponibles, devant les campagnes publicitaires orchestrées par d'immenses entreprises qui déterminent ce qui va composer nos assiettes?

Il ne s'agit pas de prôner l'autarcie, l'affadissement des menus, le repli sur une alimentation locale peu variée mais plutôt de vanter l'autonomie au jour le jour, le choix sceptique, l'information éclairée tout en prônant la richesse de nos propres terroirs avant de nous nourrir de ceux des autres. Des agriculteurs et des pêcheurs qui apprendraient à tisser de nouveaux liens avec la nourriture, des mangeurs qui réapprendraient le sens de la terre et celui de la cuisine, voilà ce que pourraient signifier ces retrouvailles gourmandes. Une assiette qui goûte bon, qui se module en fonction des saisons et qui rime avec qualité et santé devrait nous réjouir et nous suffire.

À l'heure où nous cherchons des façons de soulager la Terre, des moyens d'ajouter de la qualité à nos vies, des solutions pour mieux profiter du temps qui passe et des voies de réflexion sur l'avenir de la planète et celui de nos enfants, manger bien, simplement, manger en consommateur éclairé, vigilant, s'avère une des pistes. Et c'est cette piste que je vous propose.

---

7. De Rosnay, Joël et Stella, *La malbouffe. Comment se nourrir pour mieux vivre*, Paris, Olivier Orban/Seuil, collection Points Actuels, 1981, p. 120.

8. Waridel, Laure, *Acheter, c'est voter. Le cas du café*, Montréal, Équiterre et les Éditions Écosociété, 2003.

CHAPITRE 1
La pomme

Nous avons ici des pommes de Reinette et de Calville, qui viennent ici très belles et très-bonnes, mais l'engeance en est venu de France. Voilà nos ménages et nos délices, qui seroient comptez pour rien en France, mais qui sont ici beaucoup estimées.

Marie de l'Incarnation[9]

Si on commençait par le dessert ?

Pourquoi commencer ce livre avec la pomme ? Parce qu'elle a été représentée de toutes les manières jusqu'à devenir symbole ? Fruit défendu, fruit de la discorde, poison d'un conte de fées, cible d'un archer téméraire, quasi-médicament, logo d'une marque informatique, entrée de toutes sortes de façons dans des millions de foyers à travers le monde ? La pomme est partout, omniprésente. En fait, l'image de la pomme s'est imposée au moment d'une conférence que j'avais à prononcer devant des spécialistes de l'éducation à l'environnement. En pleine recherche sur les dates et les événements importants qui ont jalonné la route de la conscience écologique, je cherchais un exemple du quotidien pour illustrer à quel point nous sommes devenus citoyens du monde. Liés les uns aux autres par les crises : environnementale, alimentaire, financière et créant, via Internet et les autoroutes de l'information, de nouvelles solidarités. Consommateurs mondialisés jusque dans nos gestes d'achat les plus simples. Souvent plus consommateurs que citoyens, en fait. Je voulais aussi illustrer concrètement comment nos choix accumulés et juxtaposés ont des conséquences diverses et comment nous pouvons, si nos préoccupations pour l'environnement, la sauvegarde du patrimoine culinaire et la justice sociale nous y poussent, tenter de faire changer les choses.

---

9. *Lettres de Marie de l'Incarnation*, Lettre CXCVI, Québec, 1668.

J'avais alors une pomme sous les yeux... J'ai commencé à jongler avec elle et ses semblables pour que me reviennent en mémoire toutes ces questions qui se font plus insistantes au rythme actuel de la mondialisation: préoccupations citoyennes, hyperconsommation, progression constante de l'approvisionnement étranger, promotion de l'achat, des agricultures et des cuisines locales, pratiques agricoles, perte de variétés, protection et utilité de la biodiversité, industrialisation, commercialisation, déroute alimentaire. En découpant cette pomme en quartiers, je ne trouvais pas de réponses, mais je détenais plusieurs éléments de ma réflexion, une multitude de questions et une bonne quantité de pépins!

Synonyme de saveurs, de couleurs, le monde des fruits représente la joie dans l'assiette, les sucres de la nature au creux de la main. Des tropiques à la toundra, ils poussent partout. On les cueille aux arbres; ils s'accrochent aux branches des arbustes; on se penche docilement sur la terre pour les cueillir. On les croque, les pèle, les tranche, les coupe, les presse, les cuit... On les boit, on les mange frais, séchés, congelés, sucrés à outrance et de plus en plus modifiés.

Pour les enfants qui naissent, au moment de passer du lait maternel ou maternisé aux aliments solides, les fruits séduisent et éveillent les papilles gustatives, celles que le sucre stimule. Ne dit-on pas aux parents de nourrir leurs petits de légumes avant de leur servir des fruits? Pour que, parmi les premières confrontations parents-enfants, ne se trouve pas le refus systématique du brocoli? Quand on apprend à goûter les légumes, les plus sucrés comme les carottes et les patates douces devraient venir à la toute fin. Il sera temps ensuite de passer aux fruits. Rappelez-vous du plaisir qui s'écrit alors sur les joues d'un bébé qui découvre qu'il aime les poires, les pommes, et les lèvres qui s'ouvrent pour en redemander dès la bouchée avalée! Le petit grognement de satisfaction. La joie d'être «nourri», rassasié.

Étape par étape, du lait aux céréales, puis aux légumes, aux fruits et, enfin, à la viande, les petits humains apprennent à manger. Dès les premiers mois de l'existence, on sait déjà reconnaître les lambins, les gourmands, les goinfres, les exigeants, les gourmets. Ceux qui ont peur du nouveau, qui se méfient du changement s'expriment déjà. Manger s'apprend, petit à petit. En offrant des aliments bruts plutôt que transformés, des sucres naturels plutôt que ces ingrédients complexes issus du processus industriel (qui aboutit au sirop de glucose ou de fructose dérivés du maïs), en permettant la découverte et la surprise, on commence à remplir un tiroir aux souvenirs: celui de la mémoire gustative. Plus on goûte quand on est petit, plus on a de chances d'aimer une grande diversité d'aliments plus tard. On apprend très lentement à apprécier les saveurs des épices, la saveur des poissons, celle du gibier. On découvre aussi que le yogourt peut s'apprécier nature ou sucré grâce aux fruits, et que l'eau peut ne goûter que… l'eau. Et il semble que plus on mange de fruits et de légumes, enfant, plus on en mangera une fois devenu adulte. Ce qui devrait convaincre les décideurs publics, les parents, les enseignants de soutenir les projets de dégustation de fruits et légumes dans les centres de la petite enfance et les écoles. Les écoliers européens recevront bientôt un fruit, au moment de la récréation. Une initiative de promotion des aliments santé et de lutte à l'obésité.

Sous nos latitudes, les fraises marquent la fin de l'école; tous ces petits fruits qui mûrissent tour à tour dans les champs, les bords de route et les éclaircies viendront l'un après l'autre témoigner du passage de l'été. Les fruits exotiques, les vrais (ceux qui ne poussent pas ici), goûtent bon le voyage et la découverte si on a la chance de les manger là où ils poussent et ici, quand ils nous sont vendus à maturité. Mais certains fruits ne goûtent rien. Acheter, c'est quelquefois parier sur la saveur. Rappelez-vous la fadeur des fraises californiennes quand on a commencé à nous les vendre. Un peu de couleur à mettre dans l'assiette de l'hiver, c'est vrai, mais une saveur égarée quelque part sur la route.

Un fruit local, c'est l'été et l'automne à la fois, le soleil encapsulé, la saveur du «temps qu'il fait sur le pays» pour paraphraser Vigneault. Le bonheur de nos saisons se cache aussi dans les fruits, dans la profusion, l'abondance, la générosité de la nature, dans la patience et le travail des humains qui cueillent

Tapis d'airelles vigne-d'Ida, près de la Rivière George, au nord du 55e parallèle.

et transforment les aliments. Bien sûr, on a droit, de temps en temps, à l'autre côté de la médaille, ce qui se traduit par une saison de malheurs! Trop de pluie, un gel de printemps, trop de vent et voilà que s'inscrit, dans la rareté ou l'allure des fruits, le caractère de l'été. Mais, convenons que c'est l'abondance qui l'emporte généralement.

Aujourd'hui, l'abondance est trop souvent synonyme d'ailleurs et la quantité a fait place aux variétés. Fruits surgelés d'Asie comme du Chili, fruits frais des écosystèmes des tropiques ou copies de nos fruits d'été récoltées dans l'autre hémisphère, fruits transformés: coupés là-bas, sucrés plus loin, mangés ici, nous arrivent semaine après semaine. Ils nous font oublier qu'on peut, ici, récolter, engranger, empoter, congeler, cuire, sécher. Imprimant dans nos cerveaux une seule saveur de cerise, une autre de prune… variétés uniques de cette mondialisation. Fruits standardisés qui en déclassent des dizaines, voire des centaines d'autres.

Le fruit du Québec ?

Il y a aussi des fruits dans le jardin. Le plus populaire est certainement la citrouille, plantée dès 1618. Avec le maïs, la courge et le haricot, c'est le produit amérindien le plus largement utilisé par les colons français. Il constitue le dessert le plus courant de la colonie. Même les coureurs des bois en plantent dans leurs postes de traite, au milieu de la forêt […]. On la déguste fendue en deux, et mise à cuire devant la braise, puis, saupoudrée de sucre d'érable ou cuite au four, arrosée de beurre et de sirop d'érable.

Michel Lambert[10]

Allons vers l'est jusqu'en Gaspésie et même aux Îles-de-la-Madeleine, vers Charlevoix ou jusqu'aux contreforts des Appalaches et à l'ouest, plus loin que la plaine de Montréal. Allons partout pour demander, sans trop nous soucier des formalités qui encadrent les vrais sondages: «Quel est le fruit du Québec?». Il y a fort à parier que plusieurs personnes répondront «la pomme». Oubliant bleuets, airelles vigne-d'Ida, chicoutés qui poussent à l'infini tout en haut vers notre Nord. Ces baies minuscules qui font belles les fins d'été de l'Abitibi, de la Minganie, de la Gaspésie. Petits fruits bleus, rouges ou jaunes dont les plants épousent la topographie de la toundra. Bourrés de vitamines, résistants aux gels du mois d'août, aux fluctuations des hardes de caribous. Nourrissant

---

10. Lambert, Michel, *Histoire de la cuisine familiale du Québec. Ses origines autochtones et européennes*, Québec, Les Éditions GID, 2006, p. 31.

cervidés, ursidés et quelques hominidés de passage depuis des millénaires. Non, le fruit du Québec n'est pas le reflet de son immense territoire nordique ! Il n'est pas non plus synonyme de l'héritage alimentaire amérindien. Ni citrouille, ni canneberge, ni melon, «le» fruit du Québec pousse plus au sud, près de la vallée du Saint-Laurent. C'est la pomme, une espèce introduite par nos ancêtres normands, grands consommateurs de cidre.

Arbre emblème des climats tempérés, il lui faut du gel, du soleil et des saisons. Une année complète de successions de lunes et de soleils, d'alternance de jours longs et courts, de nuits qui débutent en après-midi puis, d'après-midi qui s'étirent jusque dans la soirée. Il lui faut de belles bises et du vent doux. Le pommier aime le changement, il en a besoin.

La première saison est celle de l'attente. L'arbre entre en dormance, ce mot magnifique qui décrit l'état d'une plante qui patiente, sa vie végétative au ralenti, engourdie dans la neige qui protège ses racines. Depuis que l'on maîtrise la technique du porte-greffe (un pommier, c'est en quelque sorte l'union d'un greffon et d'un porte-greffe), on obtient la même variété d'un arbre à l'autre, évitant les surprises de la génétique, contenues dans les pépins. Cette technique a – c'est un autre de ses mérites – l'avantage d'améliorer la rusticité. Elle combine le système de racines d'un arbre qui tolère les grands froids et la saveur particulière de la variété recherchée. Au-dessus de la neige, armés pour traverser l'hiver, tous ces bourgeons bien aoûtés et remplis de promesses et de feuilles en devenir. Aoûtement est un autre beau mot. Vous avez deviné, c'est en août, dès l'été, que se prépare la saison suivante. Autant de preuves discrètes que chaque saison en appelle une autre.

Notre neige a donc la responsabilité d'assurer la protection du pommier quand la vie se tapit dans les racines lors des mois de froidure. Voilà pourquoi les pomiculteurs sont si inquiets des débuts d'hiver froids et sans neige. Quand l'hiver tire à sa fin, il est temps de tailler les arbres. Un pommier bien charpenté permet à l'air de circuler librement et aux rayons du soleil de réchauffer les fruits.

La seconde saison est faite pour fleurir. Courtisé par les abeilles et par le vent, l'arbre se prête au butinage. Lui, il doit souffler assez pour transporter les messages des fleurs d'un autre pommier qui pousse à côté : «année venteuse, année pommeuse», selon le dicton ! En associant diverses variétés dans les vergers, on favorise la pollinisation. Réussie, elle entraîne l'abondance, améliore l'apparence et la qualité des fruits. Les abeilles et tous ces insectes pollinisateurs ont alors la tâche de travailler comme des abeilles, sans relâche, dans un ordre de travail établi depuis bien avant le taylorisme et toutes les avancées de la société industrielle. Butineurs infatigables qui viennent, au gré des vents, mettre ordre et désordre dans la nature. S'il vente trop fort, si le printemps stimule les excès du vent plutôt que sa douceur, les abeilles restent à l'abri dans la ruche alors que les bourdons ne se laissent pas impressionner par les bourrasques ! Même celles de la Côte-Nord où s'implante depuis quelques années une des bleuetières les plus nordiques du monde. Mais une pollinisation ratée et la floraison est écourtée, les branches sont moins chargées, les pommes difformes, et la conservation des fruits raccourcie. Et si un gel tardif s'annonce alors que les fleurs sont écloses, le pomiculteur ne dormira pas, trop occupé à surveiller le mercure et à craindre pour sa récolte. Le froid emporte à l'occasion les fleurs des pommiers et, avec elles, la promesse de toutes ces branches chargées, quatre mois plus tard.

Même la taille et la forme des arbres constituent des témoignages de biodiversité. Isle-aux-Coudres.

DE POMICULTEUR À CIDRICULTEUR

À la mort de son père, Michel Pedneault promet de ne pas vendre le patrimoine familial. Il continue donc d'entretenir le verger de Saint-Bernard-sur-Mer et, pendant 25 ans, alors qu'il travaille au chantier maritime, puis comme paysagiste, il engloutit chaque année plusieurs dizaines de milliers de dollars dans ce qui devient une opération de sauvetage. Les arbres exigent du temps, les prix de vente des pommes diminuent plutôt que d'augmenter et comme les fruits « étrangers » arrivent facilement, à bas prix, dans l'Isle-aux-Coudres, il reste avec ses récoltes sur les bras.

En 1996, il ne sait probablement pas que son ultime tentative pour sauver le verger va donner à Cidres et Vergers Pedneault*, une toute autre couleur. En élaborant quelques produits fins avec un chef cuisinier, il insuffle un nouvel élan à cette entreprise qui fabrique aujourd'hui cidres, vinaigres de cidre, mistelles. Dans ce verger, bientôt centenaire, il cultive encore ces variétés que les anciens reconnaissent : Wealthy, Alexandre, Duchesse d'Edimbourg.

Aujourd'hui, quand Michel Pedneault arpente son verger, il compte 2 600 pommiers : (1 000 standards et 1 600 semi-nains), 500 poiriers, 50 cerisiers, des amélanchiers et des argousiers. À l'âge où certains atteignent la retraite, il n'hésite pas à planter encore des arbres qui atteindront leur plein potentiel dans six ou sept ans. Les 25 premiers poiriers, plantés en 1988, ont été multipliés, si bien que les poires Clapp, Red Clapp et Beauté Flamande seront un jour offertes à ses clients, en autocueillette.

« Les gens de l'Isle-aux-Coudres mangent les mêmes pommes que les gens de Québec et Montréal », confirme Michel Pedneault quand on lui demande s'il vend ses pommes à l'épicerie locale « mais comme je garde des pommes au frigo tout l'hiver, ils peuvent continuer de s'approvisionner ici une fois la récolte terminée ».

En fait, ce n'est pas la pomme fraîche qui le fait vivre et qui maintient l'entreprise à flot, mais la transformation des fruits. Des centaines d'heures d'apprentissage dans les polyvalentes agricoles et d'innombrables épisodes d'essais et erreurs avec les boissons alcoolisées ont donné des recettes et assuré la survie de l'entreprise. Ses boissons sont le reflet de ce qui pousse depuis longtemps chez les « Marsouins » et le signe qu'on peut continuer de vivre de l'agriculture au beau milieu du Saint-Laurent.

---
* Cidres et Vergers Pedneault : www.vergerspedneault.com

Et puis, vient la saison suivante, un mot court : trois lettres pour dire la chaleur, les jours qui s'étirent, les fruits qui mettent à l'épreuve la résistance des branches. Été pendant lequel l'humain pomiculteur continue de s'inquiéter. Espérant la pluie (pas trop, juste assez), craignant les tempêtes de vent, cherchant et cherchant encore la moindre trace de tavelure : ce champignon nuisible, invisible dans l'atmosphère et qui s'attaque à sa récolte en devenir quand il pleut trop. Il surveille ses arbres. Il sait aussi que depuis des lunes, on se méfie du ver dans la pomme et que les trouées, les tavelées, les imparfaites ne peuvent atteindre le marché de détail. Les règles de notre commerce nous ont progressivement fait oublier que ceux qui nous ont précédés savaient transformer les belles et les moins belles pommes, et qu'avec des fruits un peu gâtés, on peut faire de bien bonnes compotes. Qui peut, aujourd'hui, trouver des pommes imparfaites au supermarché ? Au marché public ? La perfection se vend partout.

Pendant l'été, notre pomiculteur taille encore ses arbres, cette fois pour freiner la croissance des branches qui pourraient nuire au mûrissement et à la coloration des fruits. Mais ce qu'il surveille surtout, c'est l'apparition des insectes nuisibles. Le pommier est fragile, les insectes voraces.

Au moment où le bois ploie sous le poids de tous ces fruits qui se gonflent des saveurs de l'été, il sera enfin temps de cueillir les pommes. Les variétés ont changé, les pommiers aussi ! Un à un, la plupart des gros pommiers ont été abattus, au profit de ces arbres plus compacts qui produisent autant. Cette ramure plus basse facilite la cueillette des fruits et l'application des traitements. Plus besoin d'échelles et d'escabeaux ! Plus de risques de chute pour les cueilleurs : c'est la pomme à portée de main, la récolte à saisir. Le pommier idéal, parfait pour l'autocueillette.

Et la récolte s'étale sur plusieurs mois : pommes d'été, de début, de milieu, de fin d'automne, et ces variétés qu'il faut cueillir à la hâte pour les protéger du gel mais qui prennent toute leur saveur au fil des jours en hiver, dans les caveaux et les chambres froides. Pomme à croquer, «de garde», à transformer, à cidre. À chaque variété son usage. À chaque saison sa pomme.

Croquons dans notre histoire pomicole

On raconte qu'à une époque, la Côte-du-Sud était garnie d'arbres fruitiers : pommiers, pruniers, cerisiers, poiriers. Il y en avait tant qu'on chargeait les fruits à bord des goélettes pour les vendre sur les marchés de Québec.

À Saint-Roch-des-Aulnaies, le notaire Amable Morin fait figure de pionnier en implantant, en 1830, un très grand verger : 500 arbres, en majorité des pommiers. Un peu plus tard, dans le même village, Auguste Dupuis devient propriétaire de la première pépinière commerciale de l'Est du Québec. Il vend des arbres loin à l'extérieur de sa région et fait la publicité de ses pommiers dans la *Gazette des campagnes*, en vantant leur rusticité. Il y aurait eu, au plus fort de l'essor, 300 variétés de pommiers poussant çà et là sur le territoire québécois. Une centaine aurait suscité assez d'intérêt pour qu'on en fasse le commerce. Sur la Côte-du-Sud seulement, la Société d'horticulture de l'Islet rapporte avoir exposé 50 cultivars de pommes en 1883.

Bien avant les Amable Morin, Auguste Dupuis et Jean-Charles Chapais fils (établi à Saint-Denis-De La Bouteillerie), les premières plantations sur les flancs du mont Saint-Hilaire, l'arrivée des moines à Oka et à Saint-Benoît-du-Lac, et l'embauche de gérants dans les grands vergers des écoles d'agriculture, il y a eu le Normand Louis Hébert. Le premier agriculteur de la colonie avait exigé, peu de temps après son arrivée, que l'on charge à bord d'un bateau quelques pommiers issus de sa terre natale. Il souhaitait recommencer à presser des pommes pour fabriquer son cidre, une tradition encore vivante aujourd'hui dans les campagnes normandes. Ses premiers essais s'avèrent concluants. Les pommiers survivent à l'hiver et le cidre, qui est au fond une excellente méthode de conservation des pommes, nourrit Hébert et les autres colons. Comme on sait déjà, à l'époque de la Nouvelle-France, reproduire les arbres avec des techniques de greffage, les pommiers normands sont facilement multipliés. Dans les années qui suivent, on plante des pommiers sur la Côte-de-Beaupré, à l'île d'Orléans. À Montréal, ce sont les Sulpiciens qui implantent le premier verger. Les vergers commerciaux vont apparaître plus tard, en Montérégie. Il y aura finalement des pommes un peu partout sur le territoire. Chez les agriculteurs puis dans tous ces vergers spécialisés.

Dans son livre sur les fruits du Québec, l'historien Paul-Louis Martin rappelle que le commerce des fruits ne date pas d'hier. « Depuis le milieu du XIXe siècle, en fait depuis l'arrivée des chemins de fer et des navires à vapeur, des fruits de toute nature circulent de plus en plus loin de leur lieu de production. La pomme, qui voyage le plus facilement, devient ainsi l'objet d'un commerce considérable dans tout le Nord-Est de l'Amérique, au point où le port de Montréal sera considéré, au début du XXe siècle, comme une plaque tournante, un centre fruitier de première importance[11] ». Plusieurs pommes anciennes perdent alors en popularité. Quelques fois plus sensibles aux maladies et, surtout, supportant mal le transport et les grandes distances, elles seront déclassées. Les pommiers seront arrachés pour être remplacés par des variétés plus concurrentielles, qui séduisent le marché.

À cette même époque, le mouvement de migration de la campagne vers la ville s'accélère. La ville, riche de ses nouveaux habitants, gagne du terrain et s'étend sur les terres agricoles et jusque dans les vergers. C'est la campagne qui perd au change. L'agriculture se spécialise, l'autoproduction (on trouvait facilement une quarantaine d'arbres fruitiers sur la plupart des fermes) perd de son intérêt. Selon la BBC, environ 60 % du verger anglais disparaît à partir de 1950 et, avec ces hectares de pommiers, de nombreuses variétés.

Le climat plus favorable de la péninsule du Niagara et du Nord-Est des États-Unis va reléguer au second plan les variétés locales à la période des primeurs : ce moment, au tout début de la récolte, où les fruits valent le plus cher. Le commerce s'organise partout. Et les concurrents changent : s'ils sont d'abord rapprochés géographiquement, ils s'éloignent à mesure que se raffinent les méthodes de conservation, les moyens de transport et que se concentre la distribution. Les choses viennent de basculer.

Avec l'arrivée des engrais et pesticides de synthèse au début du XXe siècle, le mouvement va s'intensifier, entraînant la mise au point de variétés plus performantes sur le plan des rendements, de la résistance aux insectes et aux maladies et mieux adaptées au transport. À l'heure où la diversité continue de s'éroder, gourmets, écologistes, historiens et jardiniers prônent son importance et militent pour la sauvegarde des espèces. En décrivant la saveur des pommes comme d'autres la complexité du vin, ils rappellent la richesse de la nature ; ils racontent, à travers telle ou telle variété, une région, un savoir-faire, une recette. Ils protègent des fruits qui cachent peut-être dans leurs cellules le secret d'une autre variété à développer, un arôme remarquable, une résistance unique aux assauts des prédateurs. Ils se battent contre l'uniformité alimentaire.

---

11. Martin, Paul-Louis, *Les fruits du Québec. Histoire et traditions des douceurs de la table*, Québec, Éditions du Septentrion, 2002, p. 132.

Au début du troisième millénaire, des courants contraires s'opposent constamment, et ce, jusque dans les vergers. Avec, d'un côté, une agro-industrie qui a ceci de particulier qu'elle réclame davantage d'unité pour fonctionner correctement et, de l'autre côté, cette nature qui s'enrichit par essence, de la diversité.

Que reste-t-il pour maintenir la variété? Le marché local. Ainsi, sur la centaine de variétés de mangues cultivées à travers le monde, moins de cinq intéressent en ce moment la grande distribution; sur les 7 000 variétés de pommes, un peu plus de dix retiennent l'attention du commerce international. Et, parce que plusieurs pommes locales ne réussissent plus à atteindre les étals des supermarchés locaux, que les consommateurs boudent celles qui s'y rendent, que les pommes importées concurrencent directement le marché local en poussant les prix à la baisse, que les pomiculteurs n'arrivent plus à boucler leur budget et qu'ils baissent les bras, on s'inquiète.

Les chiffres récents de la Fédération des producteurs de pommes du Québec montrent une diminution du nombre de pomiculteurs et de la superficie totale des vergers sur le territoire québécois. Cependant, on tente de stabiliser et de consolider la production en misant sur des cultures à haute densité. Le remplacement des grands pommiers par des arbres nains ou semi-nains (qui produisent plus de pommes, plus rapidement) est une des étapes pour y arriver. Ainsi, sur un hectare, plutôt que 400 pommiers standards, on trouvera 1 000 arbres de petit calibre. Précisons toutefois qu'entre 2000 et 2006, le volume de pommes importées est passé d'un peu plus de 12 000 à près de 30 000 tonnes métriques.

En Angleterre, le rajeunissement actuel du verger national s'explique grâce à la plantation d'anciennes variétés et plusieurs croient qu'il s'agit d'un des symboles de la renaissance du patrimoine culinaire. C'est à la Suisse que nous devons une autre des palmes de la résistance face à l'arrivée massive de pommes de l'étranger. Le pays impose une taxe à l'importation pendant toute la période d'écoulement de sa propre récolte. Onze mois par an, les fruits de l'étranger sont fortement taxés. Seule subsiste, le mois restant, une taxe, minime, pour couvrir les frais d'administration du système.

Ici, les pommes locales affrontent d'égal à égal les pommes de l'étranger dans les supermarchés. Toute l'année durant. Seule l'étiquette de provenance apporte des explications. À moins d'un revirement du côté de la grande distribution, à moins que vos efforts de persuasion ne décident les marchands et les chaînes d'alimentation à s'approvisionner auprès des producteurs de proximité, à moins que dans les distributrices et les cafétérias, élus et décideurs publics fassent de l'approvisionnement local une priorité, c'est sur les marchés publics et dans les vergers des producteurs que vous trouverez encore la plus grande variété.

Le hic, c'est que cette solution ne peut, pour l'instant, rejoindre tout le monde. Pour une raison toute simple : il faut des vergers aux alentours, un marché public à proximité et, la plupart du temps, une voiture pour s'y rendre. À combien de kilomètres est situé le verger le plus près de chez vous? Disposez-vous d'un marché public à proximité? Si vous arrivez à vous approvisionner de cette manière, vous pourriez, petit à petit, contribuer à la protection de la biodiversité. Et qui sait, peut-être favoriserez-vous l'apparition de nouvelles pratiques de commerce?

Grandes surfaces alimentaires, marchés publics, agriculture soutenue par la communauté, fruiteries, dépanneurs, magasins d'aliments naturels… les choses ont beaucoup changé ces dernières années et il semble bien que ce ne soit pas terminé. Whole Food, une chaîne d'alimentation américaine axée sur le bio, fait la promotion du «local» dans ses supermarchés, en indiquant clairement ce qui provient des environs. À quand les pommes de Rougemont mises en valeur en Montérégie, celles de l'île d'Orléans, en vedette partout à Québec et la récolte gaspésienne fièrement affichée dans la péninsule?

Ce que font ceux et celles qui défient le climat, de même que tous ces producteurs qui misent sur une grande variété dans leurs vergers, se retrouve un peu partout à travers le monde. Gestes modestes qui ne reposent ni sur la publicité ni sur d'importantes subventions pour que perdure la diversité. Ainsi, en France, l'Association des Croqueurs de pommes, de concert avec des jardiniers amateurs, travaille à préserver de vieilles variétés.

Au Québec, dans le Bas-Saint-Laurent, le Conservatoire de la pomme de la Côte-du-Sud, via le travail de Ruralys (une entreprise d'économie sociale spécialisée dans la mise en valeur de l'architecture ancienne, des paysages et du patrimoine végétal des régions de la Côte-du-Sud et du Bas-Saint-Laurent), a entrepris une vaste opération de recensement de pommiers et d'arbres fruitiers de tous genres.

Pour trouver les vieux arbres, on scrute les abords des maisons de ferme abandonnées, on arpente les vergers anciens, on sollicite agriculteurs et horticulteurs amateurs pour retrouver ce qui a fleuri, poussé, produit. On identifie la variété. Puis, on prélève un greffon que l'on va multiplier au verger conservatoire de La Pocatière. On espère vendre aux jardiniers amateurs les arbres sélectionnés pour leur saveur, leur facilité de culture et leur importance patrimoniale. Ainsi, un peu de la diversité fruitière reprend vie.

Le premier et, pour le moment, l'unique verger de ce genre au Québec, regroupe 26 variétés anciennes de pommes, six de prunes et quatre de poires.

UN VERGER MOBILE, AU NORD DU 60ᵉ PARALLÈLE

John Lenart détient sans doute un des records mondiaux pour la culture de pommes en région nordique! Quand ils visitent Dawson, au Yukon, rares sont les touristes qui savent qu'on y cueille des fruits. Dans cette ville qui a poussé comme un champignon à la fin du XIXᵉ siècle au moment de la ruée vers l'or, il teste des cultivars de pommiers, de poiriers, de cerisiers et de pruniers. À la différence de ces milliers de chercheurs d'or qui sont repartis vers le Sud presque aussitôt arrivés, les poches pleines d'argent ou de dettes, il a pris racine.

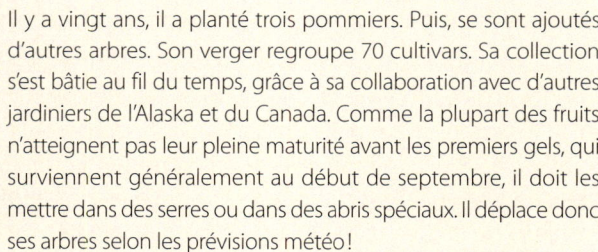

Depuis 1989, il tente de trouver des variétés adaptées à cet été si lumineux et à son pendant hivernal interminable.

Il y a vingt ans, il a planté trois pommiers. Puis, se sont ajoutés d'autres arbres. Son verger regroupe 70 cultivars. Sa collection s'est bâtie au fil du temps, grâce à sa collaboration avec d'autres jardiniers de l'Alaska et du Canada. Comme la plupart des fruits n'atteignent pas leur pleine maturité avant les premiers gels, qui surviennent généralement au début de septembre, il doit les mettre dans des serres ou dans des abris spéciaux. Il déplace donc ses arbres selon les prévisions météo!

Je me souviens d'une rencontre en juillet 2002, où il m'avait raconté son travail, les résultats qu'il transmettait aux chercheurs de l'Université de Saskatchewan. Je me rappelle de son audace. Si l'or du Klondike ne fait plus accourir autant de gens, John Lenart détient son trésor: des fruits plus petits que ceux que l'on récolte plus au Sud mais chargés des saveurs de l'été du Nord.

Sur la côte ouest de Terre-Neuve, en Abitibi, en d'autres «endroits impossibles», on trouve d'autres personnes comme lui, des gens pour qui les fruits sont rares et précieux et pour qui le jardinage, ce jeu millénaire qui associe les humains à la nature, fait plus que combler des besoins alimentaires.

Les professionnels ou les amateurs de l'identification et de la protection des espèces végétales s'inscrivent sur la liste des promoteurs de la biodiversité. Ils reprennent et actualisent des gestes que d'autres ont maintes fois posés avant eux, prélevant, multipliant, bouturant, greffant, entant et protégeant des variétés fruitières comme d'autres montent des collections.

Après les oiseaux, les abeilles, le vent, avec la nature, depuis toujours, l'être humain transporte ce qu'il connaît, ce qu'il croit convenir aux conditions locales. Il se penche sur la terre, plante, transplante, essaie, se reprend, recommence. Tantôt parce qu'il a faim et qu'il n'arrive pas à se nourrir convenablement, tantôt parce qu'il est curieux de savoir si ce qu'il connaît peut se transplanter. S'il a du temps et le moindre intérêt pour la botanique, il teste des variétés lointaines, identifie leurs ennemis. Ce que nous risquons de perdre à nous contenter de quelques dizaines de saveurs mondialisées c'est, entre autres, ce savoir intimement lié au terroir et à l'expérience humaine. Si nous perdons davantage, toutes ces pièces qui composent l'anthologie de nos gestes quotidiens, tous ces morceaux d'histoires locales disparaîtront peu à peu dans l'oubli.

«Je ne dis pas qu'il faut cesser de créer mais qu'il faut cesser de détruire.» Cette phrase de l'historien Paul-Louis Martin, à l'origine de la survie d'un verger de pruniers de Damas et de la création de la Maison de la Prune, à Saint-André-de-Kamouraska, dit tout. Dans l'histoire de ces fruits, il y a l'histoire tout court, la sagesse du jardinier, l'exploration de terroirs nouveaux, des papilles gustatives à séduire, le plaisir de goûter et de transformer les fruits. Une histoire faite de voyages, de migrations de contrée en contrée, depuis le Moyen-Orient où on commençait, bien avant notre ère, à maîtriser la multiplication, le greffage et la culture des arbres fruitiers. Il semble qu'au moment de l'apparition de l'homme, la pomme possédait déjà ses caractéristiques principales que l'«homo agriculteur» a su multiplier pour qu'au fil du temps, elle se décline en toutes ces variétés d'été, d'automne et d'hiver. Mais que devient le terroir fruitier? Que devient notre particularité climatique quand nous choisissons sur l'étal une variété voyageuse plutôt que locale?

Une quinzaine de variétés de pommes, des kiwis et des bananes dessert, des avocats et des mangues par millions, des fraises, fraîches, alors que plusieurs mètres de neige recouvrent nos fraisiers, des mangoustans, litchis, grenades, de plus en plus d'ananas, sans compter tous les agrumes et les petits fruits: voilà la salade de fruits, au XXIe siècle. Une salade hors saison qui voyage dans du carton, qui mûrit à l'éthylène et qui doit plaire au plus grand nombre de palais possible.

Nous reviendrons aux bleuets indigènes et cultivés et à tous ces autres fruits offerts gracieusement par une nature qui ne compte pas les tours! Parlons plutôt de l'offre actuelle de pommes de la grande distribution. Vous les connaissez pour les avoir vues et revues dans les supermarchés: McIntosh, Empire, Spartan, Lobo, Cortland, Paulared sont quelques-unes des pommes cultivées au Québec. Et toutes ces autres qui viennent d'ailleurs: Délicieuse rouge, Délicieuse jaune, Gala, Fuji, Granny Smith, Jonagold, Idared, Braeburn, les trois premières totalisant la moitié de la production mondiale!

Goût du monde ou saveurs locales ?

L'hiver au marché.

VISITE DE MARCHÉS

Un dimanche après-midi, à la mi-août. Nous complétons les courses pour le souper. En passant au marché public nous avons attrapé des pommes dites Jaunes transparentes. Les premiers bleuets, melons, pommes Melba, pommes Vista Bella, framboises, fraises et groseilles nous sont aussi proposés.

Le vendeur de maïs ne semble pas se lasser de compter ses douzaines de treize. La marchande de pommes ne se fatigue pas non plus de distribuer ses consignes pour que ses fruits soient goûtés à leur meilleur : « Vous les laissez dans le sac, au froid du frigo pour qu'elles restent croquantes. »

Quinze minutes plus tard, un saut à l'épicerie du quartier. La dizaine de variétés courantes. L'habituelle offre américaine. Toutes vendues en vrac à côté des pommes du Québec. Le choc : des pommes ensachées au Chili et en Afrique du Sud ; celles-là portant une étiquette trilingue, pour francophones, anglophones et germanophones. Des Gala, des Granny Smith venues du bout du monde.

Parmi toutes les pommes importées consommées au Québec, la Granny Smith représente plus de la moitié des achats.

Après les bananes, les oranges et les raisins viennent les pommes sur la liste des fruits les plus cultivés au monde. Une récolte mondiale avoisinant les 60 millions de tonnes métriques (60 milliards de kilos), un volume énorme qui ne tient nullement compte des variétés cultivées à plus petite échelle chez les petits exploitants et les particuliers.

Et au Canada ? Selon le ministère fédéral de l'Agriculture et de l'Agroalimentaire, près des trois quarts de la récolte de pommes proviennent de cinq variétés : McIntosh, Délicieuse rouge, Spartan, Empire et Idared. Et c'est la McIntosh qui reste la reine de nos vergers, la préférée.

Dans les laboratoires, on tente de mettre au point de nouvelles saveurs. Celles qui sauront affronter sur l'étal ces variétés étrangères combinant souvent les saveurs de pomme et de poire et qui résistent au transport de longue distance. La bataille que mènent les sélectionneurs en ce moment se joue sur plusieurs plans: résistance aux insectes et aux maladies, saveur, précocité, chacun espérant mettre au point «la» pomme de l'avenir, travaillant pour des consommateurs qui abandonnent l'idée même de croquer pour choisir des pommes transformées et qui mettent de moins en moins de pommes dans leur panier d'épicerie, favorisant plutôt les fruits tropicaux.

Ce ne sont plus les arbres fruitiers qui voyagent

Si les pépins, les greffons et les arbres ont beaucoup voyagé, aujourd'hui, ce sont les pommes qui se promènent, comme bon nombre de fruits commercialisés mondialement. Grâce à la recherche scientifique, aux travaux d'amélioration variétale, on arrive maintenant à récolter des quantités impressionnantes de fruits dans les grands vergers. Les premiers traitements qui suivent la cueillette, les modes de transport, les entrepôts situés aux ports de débarquement ou au point de chute final maintiennent ce qui s'appelle la chaîne de froid: une température constante, fraîche, qui plonge et garde la pomme en dormance.

Mais il n'y a pas que les pommes fraîches qui voyagent! À votre prochaine visite à l'épicerie, jetez un coup d'œil attentif aux étiquettes des desserts et collations. Vous y verrez des pommes, des pêches et des fruits de toutes sortes, tranchés, en purée, souvent sucrés. Une entreprise française propose une gourde de compote (à aspirer par le bouchon de plastique). Autre exemple, trouvé celui-là dans une épicerie d'aliments naturels: un contenant de polypropylène, recyclable, rempli d'une salade de fruits baignant dans du jus de poire. Prête à manger partout! La cuillère se trouve sous le couvercle. L'entreprise est australienne, le produit identifié comme venant de la Chine. Et la période de la rentrée des classes nous offre le summum en termes de fruits importés et transformés. Des étalages complets, dès l'entrée des supermarchés, de formats individuels de collations fruitées, alors que, vite fait, on peut facilement énumérer une dizaine de fruits locaux et de saison: fraises, bleuets, prunes, pommes, poires, pêches, cantaloups, melons, raisins qui peuvent, eux aussi, moyennant des précautions toutes simples, se retrouver dans la boîte à lunch.

L'AUTRE FRUIT À PÉPINS

À quoi associez-vous la poire? À des conditions climatiques plus douces, différentes des nôtres? Pouvez-vous imaginer qu'elle pousse au Québec? Et bien plus à l'est que la plaine de Montréal? La poire pousse sous nos latitudes, elle est goûteuse, savoureuse… et quasi introuvable, à moins de connaître un des rares propriétaires de vergers qui abritent des poiriers ou quelque vieux poirier abandonné à son sort et qui produit encore.

On peut, en automne, trouver quelques paniers sur les étals des marchés publics, des poires dans les vergers ouverts à l'autocueillette. Quelques initiatives permettent toutefois de nourrir l'espoir. Roger Ferland, à Compton[*], raconte qu'en 1981, après un gel sévère qui a fait mourir des centaines de pommiers, le verger familial a été replanté en poiriers. Le décompte aujourd'hui? 1 500 arbres: Coloris de juillet, Bartlett, Beauté Flamande, Patton et «la» Savignac, du nom du frère Armand Savignac, que l'on considère comme le pionnier de l'agriculture biologique du Québec.

Poires en juillet.

«J'ai chaud quand il fait très froid! Le poirier fleurit un peu plus tôt que le pommier et un gel de fin de nuit, entre 4 h 45 et 5 h 30, juste avant le lever du soleil, me stresse! À –4 °C, on risque de perdre une récolte, dès la fin de l'hiver.»

Roger Ferland écoule toutes ses poires (fraîches comme transformées) à la ferme (autocueillette, vente au kiosque) et envisage maintenant la fabrication de boissons.

Saint-Joachim-de-Shefford, dans la Haute-Yamaska, s'affiche «Pays de la poire». Un projet audacieux qui fonctionne sous le modèle coopératif.

On pourrait donc, çà et là, recommencer petit à petit à goûter ces fruits magnifiques à leur fraîcheur optimale. La saveur d'une poire que l'on cueille à l'arbre, dans les dernières heures de l'été et qu'on laisse doucement vieillir, est irremplaçable.

Chez vous, au moment de planter des arbres d'ornement, optez pour des arbres fruitiers! Vous aurez le plaisir de cueillir vos propres fruits.

---

* Verger R.M. Ferland: www.produitsdelaferme.com/vergerferland/

Rien ne décrit le parcours de ces fruits voyageurs. Rien ou bien peu nous indique d'où ils viennent, de quelle variété il s'agit, où se trouve le fournisseur de sucre, qui sont les fabricants d'additifs: agents de conservation, arômes et ce que sont ces additifs. Nous devons nous contenter de l'information nutritionnelle et de l'indication qui touche l'ultime étape de ce complexe procédé de transformation. C'est ainsi que sont apparus dans le paysage de cette recherche des pêches «Produit» de Chine, d'Indonésie, de Thaïlande, et des ananas du Canada!

Dans ce tourbillon, on oublie qu'il ne faut que deux minutes pour obtenir une salade de fruits et qu'un petit quart d'heure transforme des fruits flétris en compote!

D'OÙ VIENNENT LES POMMES QUE L'ON BOIT?

Hiver 2008. Nous tentons d'obtenir d'un grand fabricant de jus des informations sur l'origine d'un de ses produits. Un litre de jus de pommes, portant la mention «Produit du Canada». Nous souhaitons en savoir davantage. Le service à la clientèle de la multinationale confirme le fait que la dernière étape de la transformation a été effectuée dans une usine canadienne et que les pommes peuvent provenir du Canada, de Turquie et même de Chine. Impossible d'obtenir davantage de précisions, la réglementation canadienne n'obligeant pas les fabricants à les fournir aux consommateurs. La préposée aux renseignements précise qu'elle aurait l'obligation de fournir cette information aux consommateurs américains. Quant à la localisation de l'usine de transformation, secret d'entreprise! Pour raisons de sécurité, semble-t-il.

Pendant ce temps, les pomiculteurs québécois ont du mal à écouler les pommes tombées, traditionnellement destinées aux usines de transformation de jus. Selon certains, il ne vaut plus le coup, et ce, depuis longtemps, de les transporter jusqu'aux usines.

Voilà une des explications pour ces «jus artisans». Les pomiculteurs utilisent ainsi leurs propres pommes pour en augmenter la valeur en les pressant. Ces jus, pour l'instant, représentent avec les jus opalescents la seule garantie de boire des pommes du Québec.

Le «macro» commande des saveurs universelles. La grande industrie qui contrôle la culture, le conditionnement, la mise en marché d'un nombre grandissant de fruits vend la même banane, le même ananas, la même pomme partout à travers le monde. Et ces fruits qui voyagent, s'ils sont vendus frais, doivent résister à la manipulation et survivre au transport. Voilà pourquoi les variétés de pommes vendues mondialement sont si fermes. La densité de la chair limite les risques de meurtrissures. Plusieurs pommes anciennes, plus tendres, n'auraient pu se rendre loin du verger, en bon état. Aujourd'hui, une Granny Smith cueillie en Afrique du Sud voyage en camion jusqu'au port d'embarquement, franchit l'océan en bateau pour être déchargée au port de Philadelphie ou New York avant de repartir, en camion, jusqu'au supermarché. Après, elle peut encore patienter à l'épicerie, dans votre frigo, sur le comptoir, avant d'être croquée! Bien peu de ces variétés dites traditionnelles auraient pu survivre aux effets de la route et du temps.

Même la leçon qui suit est tombée en désuétude : « Les fruits ne sont pas mûrs à jour fixe, ni tous ensemble. Dès qu'on découvre le premier fruit tombé de l'arbre, il faut vérifier l'état de ceux qui y sont encore. Le pédoncule d'un fruit mûr se détache facilement de la branche. La cueillette d'un fruit mûr ne demande aucun effort. On touche le fruit et il doit venir dans la main. S'il résiste, attendez le jour suivant[12]. »

Voilà les conseils de Jean-Pierre Coffe, dénichés dans un livre de cuisine consacré aux fruits. Une lecture savoureuse. Il est vrai qu'entre les pommes que l'on cueille chez soi, dans des vergers ouverts à l'autocueillette, celles que l'on achète au marché public et les pommes voyageuses, les différences sont considérables.

Côte à côte, au rayon des pommes de nos supermarchés il y a maintenant ce commerce universel, ses règles de salubrité, ses échanges normés. Trois Amériques à traverser du Chili à Sherbrooke ; des mers et des océans de l'Afrique du Sud à Montréal. Pour accéder au rang de pomme voyageuse, il faut donc vieillir lentement, mûrir sans se meurtrir. Il faut savoir se tenir ferme, se loger dans une alvéole calibrée avec quelques dizaines de ses semblables, contenir juste ce qu'il faut de sucre, ne pas noircir à la première croquée et avoir été récoltée sur un arbre «productif». Du genre de ceux qui donnent des pommes rapidement, qui en donnent beaucoup, qui produisent année après année et pour longtemps. Quant aux pulvérisations, aux types de produits utilisés en agriculture conventionnelle, c'est encore le mystère.

---

12. Coffe, Jean-Pierre, *Au bonheur des fruits*, Paris, Balland, 1996, p. 36.

Des défauts ? Vraiment ?

Il faut donc des bateaux, des camions et une logistique incroyable pour nous offrir ces fruits cultivés ailleurs. Quel sera donc, à moyen terme, le sort des pommes locales parmi cette offre internationale ? C'est à se demander, avec inquiétude, si on peut encore revendiquer pour la pomme le statut de fruit du Québec.

Local ou bio ? Et pourquoi pas local et bio ?

Dans son livre sur la culture fruitière, le révérend père Léopold, de l'Institut agricole d'Oka, semonce les agriculteurs en constatant que les pommiers dépérissent dans les vergers de ferme. Les arbres sont malades, les fruits attaqués et la récolte perd de sa valeur, à la fois pour la consommation familiale et pour le commerce. Il recommande des arrosages fréquents ; il ne faut pas lésiner sur les moyens ! On est au début du XXe siècle. Les produits de synthèse apparaissent sur les fermes. Une solution toute simple qui élimine bien des maux de tête. C'est ce que l'on croit.

Quelques décennies plus tard, en 1962, une biologiste américaine lance un des premiers cris d'alarme, inquiète de constater l'essor et les effets de ce qu'on appelle dorénavant les pesticides. Dans *Le printemps silencieux*, Rachel Carson se préoccupe de la disparition des oiseaux chanteurs, indicateurs de la santé de l'environnement. Elle observe, entre autres, que le carpocapse de la pomme (ce ver qui se loge au cœur du fruit) développe sa résistance aux pesticides et qu'il devient de plus en plus difficile à contrôler, même avec ces produits de synthèse qui se multiplient à grande vitesse. On est à l'ère du DDT, de l'arrosage, de la promotion de ces produits, pour la plupart hérités de l'arsenal chimique développé pendant les guerres. Le faucon pèlerin est une des espèces qui paiera le prix de ces applications. Quasiment disparu, il doit sa remontée à la détermination des scientifiques qui, nichée par nichée, ont commencé, suivi, soutenu les efforts de réintroduction.

Mais si l'artillerie s'est faite moins lourde, si plusieurs produits ont été bannis, il faut constater qu'abandonner ces produits n'est pas si simple. Agriculteurs et agronomes le reconnaissent sans hésiter, la culture des pommes, des fruits à pépins et à noyaux, en particulier chez nous, est complexe et si difficile qu'elle en décourage plusieurs. C'est l'humidité qui caractérise le climat du Québec. Elle est provoquée par les précipitations neigeuses et pluvieuses de toute l'année, alors que le climat méditerranéen se démarque par l'absence prolongée de précipitations. Toutes les plantations de la côte californienne, comme celles de la Vallée Centrale, quasiment devenues nos potagers d'hiver, sont influencées par ce climat.

Sous nos latitudes plus humides, des spores de champignons, invisibles, apparaissent au printemps et circulent librement dans l'air avant de se déposer sur les arbres où ils se multiplient. L'élévation du taux d'humidité, en particulier après la pluie, les stimule et favorise leur multiplication. Pour éviter le problème et ces taches grisâtres, un peu velues qui apparaissent sur les fruits (la tavelure), on a recours aux fongicides qui ont pour effet de bloquer l'apparition des champignons ou de limiter les dégâts.

Pour arriver en bon état sur les marchés, les pommes subissent donc toutes ces pulvérisations qu'il faudra répéter plus souvent au cours des étés pluvieux. En comparaison, dans l'État de Washington où la pomme est la première production fruitière et la principale production maraîchère, c'est l'humain, le producteur qui décide des apports en eau (grâce à un réseau d'irrigation subventionné), le moment opportun. Il n'y aurait, dit-on, quasiment rien à traiter ou à prévenir!

POMME EN FÊTE, UN VERGER EN GASPÉSIE*

Ce jour-là, un coin de la Baie-des-Chaleurs ne portait pas son nom. Plusieurs l'auraient renommée Baie-des-Giboulées. Il avait neigé une autre fois le matin sur la route de la Vallée de la Matapédia, déjà bien enneigée. Les érables coulaient peu, les aériculteurs appréhendaient une saison médiocre. Quelques heures plus tard, un peu plus loin sur la péninsule, un printemps éclatant allait affirmer son droit d'exister. Saisissant, émouvant de lumière. Sur les quais, les casiers à homard empilés, déjà garnis de boette (ces appâts, disposés au fond des casiers pour attirer le crustacé), annonçaient le début d'une autre saison de pêche. Dans leurs gestes, leurs rires, leur légèreté, tous les hommes et les femmes réunis pour la corvée du départ se préparaient à repartir. Heureux.

L'hiver et le printemps, voisins d'un jour, redessinaient un paysage. À Percé, on enlevait les protections aux fenêtres et on dépoussiérait les commerces avant la venue des touristes. L'eau de la neige, qui ruisselait des montagnes, coulait jusque dans la mer.

Au même moment, c'était la fin d'avril, Rodrigue Guitard était affairé à tailler ses pommiers et tous ses arbres fruitiers. Dans son verger aménagé en terrasse, à Pointe-à-la-Croix, il travaillait fort pour que les branches puissent se charger convenablement. Qu'elles résistent au poids des fruits, qu'elles produisent bien. Son coteau déboisé avait créé plusieurs sceptiques, les agronomes du secteur compris. On doutait du rendement des pommiers, de la possibilité de les voir refleurir après l'hiver.

Pourtant, un quart de siècle après ses premières plantations, en faisant le total, il compte 1 000 arbres : pommiers, cerisiers, pruniers et même deux abricotiers. Des arbres qui n'atteignent peut-être pas les rendements records de la Montérégie, mais qui produisent honorablement.

Un verger gaspésien encore enneigé.

Son activité d'autocueillette attire, tous les automnes, plusieurs centaines de personnes, du Nouveau-Brunswick, comme du Québec. Une autre preuve que, pour qui sait observer le temps, comprendre le terroir, il y a de quoi s'amuser !

---

* Gaspésie gourmande : www.gaspesiegourmande.com

Et la liste des ennemis s'allonge : la mouche de la pomme, ce ver qui provoque des veinures brunâtres en surface et qui n'existe pas à l'ouest du continent ou en Europe peut déclasser toute une récolte. Le carpocapse en est un autre : un papillon qui pond et qui se transforme pour devenir ce ver que personne ne veut voir grouiller dans son fruit ! Claude Gélineau, enseignant à l'Institut de technologie agricole (ITA) de La Pocatière les connaît tous. Ce spécialiste de la production maraîchère et fruitière suit de près l'évolution du secteur bio depuis 25 ans. Les recherches qu'il poursuit dans son propre verger, comme dans le verger expérimental de l'ITA, confirment que la tâche est ardue. Obtenir ces fruits en régie biologique commande des recherches pour l'obtention de variétés résistantes à la tavelure. « Certaines variétés existent mais leur apparence, comme leur saveur, diffèrent de ce qu'on trouve sur le marché. Les consommateurs ne sont pas prêts à les consommer à grande échelle. Et ces variétés n'offrent pas de rendements intéressants pour les producteurs. Les pommes que nous apprécions, comme la McIntosh, ont été développées pour leur saveur. »

Sa solution, expérimentée en 2008 : l'ensachage individuel. Une à une, les pommes sont mises à l'abri dans une enveloppe textile (il a utilisé les mini-chaussettes des magasins de chaussures), bien refermée sur le fruit. La lumière passe, la pomme mûrit et pousse, incognito, sans que les insectes ne la remarquent. Pendant longtemps, les conseillers horticoles ont découragé les jardiniers amateurs de planter des pommiers dans leur cour... Claude Gélineau vient peut-être, avec ce truc tout simple qui ne demande que quelques heures, de leur fournir une solution !

> **DES POMMES EN ABITIBI**
>
> Pierre Drapeau a rapporté d'un séjour dans la vallée de l'Okanagan, en Colombie-Britannique, des techniques de culture fruitière. Arrivé sur l'île Nepawa, au lac Abitibi, il a trouvé quelques vieux pommiers, les a greffés et replantés. Son verger, le plus nordique du Québec, profite de l'effet de cette masse d'eau qui tempère le froid, en particulier l'automne.
>
> Il confie ne pas avoir trop de problèmes avec les insectes et n'a donc pas besoin de recourir aux traitements chimiques.
>
> Six cents pommiers, pommetiers, pruniers et des milliers de visiteurs plus tard (dont les élèves des commissions scolaires de la région), il entend poursuivre en donnant au Verger de l'île Nepawa* une vocation de recherche. Pour rappeler que cette île a déjà été le potager d'une région et qu'on peut cueillir des pommes aussi loin qu'au 48e parallèle !
>
> ---
>
> * Recherchez Verger de l'île Nepawa dans votre moteur de recherche.

Manger et produire des pommes «locales» signifie, quasi assurément, manger des pommes traitées à un moment ou à un autre avec des pesticides. La production fruitière intégrée a fait son apparition il y a quelques années : il s'agit, en résumé, d'appliquer les produits de synthèse sur ses arbres, en dernier ressort plutôt qu'en prévention, comme on l'a fait pendant longtemps. Obtenir des pommes bio n'est pas impossible (quelques pomiculteurs en offrent), mais il faudra des recherches, du travail sur les variétés et aussi quelques rondes de surveillance… Plusieurs pommiers abandonnés, négligés, constituent des réservoirs à problèmes.

Nous devons maintenant nous demander si nous sommes prêts à acheter et à apprêter des fruits qui, à l'occasion, porteraient les «défauts de la nature». Des fruits aussi goûteux, mais à l'esthétisme variable. En ces temps de crise alimentaire mondiale, l'Europe vient d'autoriser l'écoulement de ces fruits «moins parfaits» dans les commerces de détail.

La cerise et les autres fruits à noyaux

J'amorce cette partie du livre en été, dans les beaux jours de juillet. Mon ordinateur est posé sur une table de travail protégée des rayons du soleil par un grand arbre. Je vois, un peu plus loin, les plants de tomates, de pois mange-tout, de concombres qui poussent dans notre petit potager. Et le rouge des cerises accrochées aux branches d'un arbre nouvellement planté attire régulièrement mon regard. Nous avons choisi la Montmorency aux fruits surets, rouge clair, que l'on voyait souvent dans les campagnes. Le pépiniériste, après l'avoir sévèrement taillé, nous avait promis une récolte dès la deuxième année. Promesse tenue. Pendant des jours, nous nous sommes amusés à regarder mûrir une première petite centaine de fruits, à surveiller écureuils et oiseaux… à qui nous disputions le championnat de la gourmandise. Et nous nous régalions enfin !

Les premières cerises.

Pour les confitures, les clafoutis, il faudra attendre que l'arbre vieillisse et qu'il produise davantage… Pour le plaisir, nous sommes déjà comblés. Notre arbre donne des cerises de type griotte, à saveur plutôt acidulée. Les variétés plus douces, les bigarreaux (comme la Bing) poussent difficilement ici. Et qui sait marcher dans la campagne trouve encore au bord des champs et près des fossés les merises, ces cerises sauvages.

Cette cerise Montmorency, on ne la voit jamais dans le commerce, détrônée par des variétés importées, plus sucrées, venant de vergers situés plus au sud, cerises qui ont l'avantage d'être plus faciles à conserver, à transporter. Les griottes vieillissent vite. Faute de choix, ignorant la différence, les amateurs de cerises n'ont d'autre solution que de se rabattre sur les fruits importés, de type bigarreau. Pas de griottes sur les marchés publics non plus! Encore moins de cerises sauvages, ces cerises à grappe qui emprisonnent un instant la salive et laissent la bouche pâteuse. Pourtant, les carnets des jardiniers et des pépiniéristes ont laissé des preuves de la présence de cerisiers cultivés sur le territoire, et ce, dès le début de l'arrivée des colons en Nouvelle-France. Dans le premier tome de son *Histoire de la cuisine familiale du Québec*, Michel Lambert écrit qu'après le pommier et le prunier, «[…] deux autres fruits arrivent vers 1642. Il s'agit des cerises et des poires. Les cerisiers réussissent mieux à Québec que les poiriers, car ces derniers ont besoin de beaucoup de protection[13].» Le nodule noir, un champignon qui exige traitements et soins attentifs ne fait pas que s'attaquer aux arbres; il s'attaque également à la détermination des colons. L'humidité est, depuis longtemps, l'ennemie numéro un.

Dans l'esprit de plusieurs, la cerise d'aujourd'hui est rouge foncé, charnue, sucrée et importée. Le Chili nous expédie ses cerises, la Turquie en fait une spécialité et divers travaux de recherche poussent maintenant plusieurs entreprises spécialisées à défier les lois des saisons. À son tour, la cerise est en voie de «désaisonnalisation», le but étant d'offrir des cerises fraîches toute l'année sur les marchés mondiaux.

Les chercheurs français du Centre de coopération internationale en recherche agronomique pour le développement (CIRAD), qui suivent de très près ces questions de production et d'exportation, observent que les

---

13. Lambert, Michel, *op. cit.*, p. 311.

surfaces de culture ne cessent de s'accroître en cerises, puisqu'il s'agit d'un fruit qui supporte bien le transport par bateau. Le Chili, producteur aux ambitions mondiales, se concentre essentiellement sur les variétés Early Burlat et Bing. Son concurrent? L'Argentine, qui tente de gagner en précocité sur les marchés nord-américains. À ce jeu mondial qui mise sur les variétés foncées, très sucrées, quels cerisiers québécois, quels arbres adaptés aux conditions nordiques peuvent encore l'emporter?

Cerises de type griotte, peut-être, mais pas des Montmorency, c'est sûr!

Peut-être ceux qui sont à l'essai en ce moment dans quelques vergers et dans les centres de recherche. Le but des chercheurs est d'obtenir des arbres plus petits; la taille très haute de certains arbres fruitiers complique la cueillette et facilite la gloutonnerie des oiseaux qui se jettent par milliers sur les fruits mûrs pour les dévorer. La résistance aux maladies est un autre critère; l'obtention de variétés résistantes pourrait donc favoriser la relance de la culture sous nos latitudes. Finalement: le taux de sucre. De nouvelles variétés, plus douces, rejoindraient davantage de palais.

Mais la cerise demeure un fruit fragile, la mise en marché de variétés locales ne peut se faire dans les conditions actuelles de distribution. Les fruits doivent s'écouler rapidement. À se contenter d'un type de fruits, on oublie toute cette diversité. La diversité, encore une fois, c'est la possibilité de retrouver des saveurs variées, des déclinaisons de goûts pour une même espèce fruitière. C'est la possibilité de choisir telle variété pour la cuisine, telle autre pour consommation à l'état frais. C'est le luxe de savoir qu'il n'y a pas qu'une seule banane, une seule cerise, un seul ananas pour satisfaire la planète entière.

Retournons dans l'histoire de la Nouvelle-France où, avant les cerises, sont arrivées les prunes. La prune de Damas, la célèbre Damson des Anglais, dont on fait la promotion depuis quelques années dans la région du Bas-Saint-Laurent,

LE PARI DES CERISES

« Ce nodule noir qui a provoqué l'abattage de plusieurs cerisiers depuis les premières plantations en Nouvelle-France demeure encore le casse-tête pour qui veut cultiver cet arbre fruitier. » Gilles Beaulieu, propriétaire de la cerisaie *Le temps des cerises*[*] à Charette, près de Maskinongé, sait comment traiter ses arbres contre le nodule noir : avec un fongicide appliqué au bon moment pour empêcher les spores du champignon de se déposer sur le tronc et les feuilles. De cette manière, il évite le problème, protège ses arbres et ses rendements.

En 2000, trois ans après avoir visionné un reportage de *La Semaine verte* sur la culture des cerises à l'est des Rocheuses, découragé devant les difficultés éprouvées par les producteurs de pommes, constatant qu'il lui serait difficile de matérialiser son rêve de pommeraie en Mauricie, il choisissait le cerisier Evans.

Un voyage exploratoire en Alberta allait satisfaire sa curiosité. Apporté là-bas par un immigrant anglais et popularisé en Alberta par un chercheur de l'Université d'Edmonton, ce cerisier semblait plus productif que le traditionnel cerisier Montmorency, portait des griottes par milliers et offrait de multiples possibilités de transformation.

Huit mille arbres plus tard, Gilles Beaulieu souhaite que son verger produise au maximum et espère une centaine de livres de fruits par arbre. Sa proposition d'autocueillette a attiré, au cours des dix jours qu'elle a duré en 2007, 12 000 personnes. La saison suivante, moins clémente, ne lui a pas permis d'ouvrir son verger au public.

Alors qu'il commence à explorer les possibilités de la transformation (ses premières cerises déshydratées sont très bonnes), il explique : « Ma vision, personne d'autre ne l'a encore pour le Québec. Le fruit est délicieux ; une fois l'acidité passée, la cerise est savoureuse, le goût reste au palais. Il faut réapprendre aux gens à les apprécier pour qu'ils retrouvent ces saveurs perdues. » Et il ne craint pas la compétition. Il souhaite au contraire que d'autres, plusieurs autres, s'intéressent à la culture des griottes, comme il espère l'arrivée prochaine sur le marché de plusieurs autres variétés de cerisiers rustiques développées par des chercheurs de la Saskatchewan. Des cerises, aussi sucrées que les bigarreaux, pourraient bientôt être cultivées dans des zones climatiques associées depuis toujours aux griottes.

---

[*] Le temps des cerises : www.letempsdescerises.ca

en demeure un savoureux exemple. Grâce à la détermination de Paul-Louis Martin, historien passionné de culture fruitière, sans doute un peu gourmand, la Damas revit. D'abord, dans les vergers attenants à la Maison de la Prune de Saint-André-de-Kamouraska puis, chez d'autres jardiniers. Son mérite et celui des gens qui l'entourent est d'avoir attiré l'attention sur le patrimoine fruitier de la Côte-du-Sud et du Bas-Saint-Laurent, d'avoir fouillé dans les registres, catalogues de pépiniéristes, livres de bord des goélettes pour remettre à jour les qualités d'un terroir. Un mot qui n'était pas à la mode au moment où il commençait à cultiver des pruniers de Damas à partir de greffons obtenus sur 200 arbres laissés à l'abandon derrière sa maison.

Petit à petit, les choses ont commencé à changer. Les premières boissons alcoolisées faites de petits fruits ont vu le jour, de nouveaux kiosques de fruits et légumes ont poussé au bord des routes, les marchés publics existants ont repris de la vigueur et d'autres sont venus au monde. L'offre alimentaire a retrouvé des couleurs, s'est chargée de vitamines locales et s'est pimentée grâce à la passion de tous ces anonymes de la terre et de la table. Pêcheurs, maraîchers, éleveurs, agriculteurs se sont racontés autrement qu'en termes de rendements. Ils ont appris à décrire leur univers, à parler de leur terre, de la mer, de ce qu'ils en tirent en termes de saveurs, d'odeurs, de souvenirs.

Vin en devenir.

De pruniers de Damas longtemps laissés à l'abandon, de fraises et de framboises cultivées dans Bellechasse, de raisins poussant à Charlesbourg comme en Estrie, puis au Témiscamingue, allaient naître des saveurs nouvelles et, grâce à elles, des entreprises agricoles et gourmandes. Issues d'un pays et de l'imagination de tous ces «entreprenants» déterminés à colorer l'assiette et le paysage.

Petites douceurs de la terre

Dans les brûlés, au flanc des coteaux pierreux, partout où les arbres plus rares laissaient passer le soleil, le sol avait été jusque-là presque uniformément rose, du rose vif des fleurs qui couvraient les touffes de bois de charme; les premiers bleuets, roses aussi, s'étaient confondus avec ces fleurs; mais sous la chaleur persistante ils prirent lentement une teinte bleu pâle, puis bleu de roi, enfin bleu violet et quand juillet ramena la fête de sainte Anne, leurs plants chargés de grappes formaient de larges taches bleues au milieu du rose des fleurs de bois de charme qui commençaient à mourir.

Louis Hémon[14]

Le premier de tous ces fruits qui tiennent à plusieurs au creux de la main contient le parfum des parfums. Capable à lui seul d'éveiller les souvenirs d'enfance: l'herbe sèche, le sol que l'on scrute avec attention pour y trouver les plants, mis à l'abri de la gourmandise des oiseaux et des coups du gel par la nature. Merveille de fruits agglutinés autour de la pulpe, rouge. Parce que la fraise des champs comme sa cousine cultivée sont des faux fruits, selon les botanistes. Les fruits, ce sont les akènes, les minuscules grains durs, collés sur le réceptacle de la fleur. Le fraisier est d'abord une plante sauvage qui s'épanouit partout: de l'Asie jusqu'à l'Europe, sous nos latitudes et jusqu'au Chili où on aurait, selon Jean-Marie Pelt, trouvé des plants à gros fruits, qui, croisés aux variétés européennes, ont donné une partie des 600 variétés qui existeraient encore aujourd'hui.

Escapades de cueillette, moments volés au temps pour remplir, à ras bords, des contenants de fruits sauvages, arrêts spontanés le long des routes à la recherche d'une collation de fossé, visite des fraisières où on permet l'autocueillette, la saison des fraises ne fait pas que réveiller des souvenirs! Elle ranime le campagnard qui sommeille en plusieurs, ravive la patience ravalée au jour le jour, réveille l'envie de confitures.

On ne va pas partout librement, on ne cueille pas là où ont été épandus des herbicides, on se méfie tout de même un peu! Cueillir des fraises sauvages en pleine nature, connaître les talles, arpenter les champs, c'est entretenir une connaissance certaine de la terre et du territoire. Et les fraises cultivées ne sont plus associées au début de l'été mais devenues, au fil du temps et de la recherche scientifique, un fruit qui marque le passage du printemps à l'été et

---

14. Hémon, Louis, *Maria Chapdelaine*, Montréal, Bibliothèque québécoise, 1990, p. 65.

celui de l'été à l'automne, plusieurs semaines plus tard. À la fin de septembre, on trouve encore facilement des fraises locales sur les marchés.

Il a fallu du temps pour y arriver. Cette plante, qui réagit aux conditions de lumière du printemps, a naturellement besoin de l'allongement des jours pour que la floraison se déclenche. Pas étonnant que le fruit ait été associé au début de l'été pendant si longtemps. La recherche a permis de modifier ce cycle naturel en forçant les plants à fleurir tout au long de l'été, indépendamment du fait que les jours raccourcissent après le 21 juin.

Chaque fraiseraie est remise à nu; après la cueillette, il faut replanter de nouveau. Les racines tenues au chaud sous un paillis de plastique, le plant se développe rapidement. Puis, on taille les premières fleurs jusqu'à ce qu'on soit prêt à laisser mûrir les fruits, en étalant la récolte, et ce, sur près de 6 millions de plants à travers le Québec! Voilà la raison pour laquelle elles sont plus coûteuses.

Des fraises, il en pousse partout en Amérique du Nord. Selon l'Ontario Berry Growers Association, il y aurait des fraisières (des champs de fraises cultivées) dans tous les États américains et toutes les provinces canadiennes. Grâce aux efforts et au dynamisme de l'Association des producteurs de fraises et framboises, créée en 1998, la fraise est devenue la troisième plus importante industrie fruitière du Québec, après la pomme et le bleuet. Sa récolte s'étire souvent jusqu'à la mi-octobre. De quoi se contenter, en manger à satiété… et refuser, pour ceux qui se préoccupent de la distance que parcourent leurs aliments, les importations hivernales.

Nous avons maintenant le privilège de manger des fraises locales pendant plusieurs mois par année; la possibilité de tester, dans nos potagers et nos plates-bandes, des fraises alpines, grosses comme le bout du petit doigt (d'une petite main), savoureuses comme leurs compagnes des champs. Nous pouvons accrocher à nos balcons des paniers de fraises retombantes. La fraise pourrait être un véritable fruit de saison. De ceux que l'on mange à s'en lasser, pour ensuite s'en priver quelques mois avant de les retrouver avec gourmandise.

Sur les marchés de Québec, les bleuets sauvages donnent le signal de l'arrivée des nuits fraîches et des premiers gels de l'automne. Quand, à la fin du mois d'août, on demande s'il y aura des bleuets encore quelques semaines, la réponse confirme que l'été s'achève : « Tant qu'il n'y aura pas de gel » ou encore « On attend une bonne gelée la semaine prochaine, faites vos provisions ! » Tous les fruits qui n'ont pas eu le temps de mûrir vont rester sur les plants.

Le bleuet est une des façons de donner une valeur ajoutée aux produits de la forêt et reste un des rares fruits sauvages à prendre la route du marché de détail. Sa cueillette occupe des centaines de personnes. Des hommes et des femmes partent « ramasser des bleuets », comme d'autres vont à la pêche. Ils rapportent la récolte aux usines de transformation qui se chargeront du conditionnement et de la mise en marché. C'est d'ailleurs le raisonnement d'Omer Rail, un ancien industriel du secteur des pêches établi à Longue-Pointe-de-Mingan, sur la Côte-Nord. Son nouveau pari ? L'établissement d'une bleuetière en forêt publique, à Longue-Pointe. Sa main-d'œuvre ? Les ouvriers d'usine qui, une fois la saison du crabe terminée, s'en iront aux bleuets.

Ce magnifique petit fruit, qui s'accommode mieux des conditions climatiques du nord-est, contient des réserves impressionnantes d'éléments nutritifs. Dans sa version nordique, c'est le Saguenay–Lac-Saint-Jean qui constitue sa terre de prédilection. Même les humains déracinés se regroupent sous un vocable fruitier quand ils vivent à l'extérieur de la région ! C'est dire l'importance du fruit et la fierté des Bleuets. Il a son pendant « cultivé », qui croît généralement plus près du Saint-Laurent ; des plants plus hauts qui donnent des fruits plus gros ; on parle de bleuets en corymbe.

Et les framboises, mûres, cassis, chicoutés, cerises de terre, camerises (le fruit du chèvrefeuille comestible), allongent notre liste. La progression des champs de canneberges est, elle aussi, assez impressionnante. Les fruits se conservent longtemps au frigo, se vendent tout l'hiver sur les marchés publics et à l'épicerie.

Jusqu'où ira l'imagination, le travail des agriculteurs, celui des amateurs et des spécialistes pour pousser encore plus loin les possibilités fruitières du territoire ? Pommes, prunes, poires, cerises et tous ces petits fruits sont des millions de fois la preuve que le climat n'est pas un obstacle, que la fraîcheur du Nord concentre les saveurs, qu'en quatre mois d'été on peut faire des provisions, remplir son congélateur, ses armoires à confitures pour mettre un peu de soleil local, sur la table, au creux de l'hiver.

La récolte des canneberges, exposée à Paris, pour séduire les touristes.

Au fait, qu'est devenu l'exotisme ?

Les dernières statistiques dressées en 1911 nous montrent une baisse marquée dans le nombre de pommiers (−), ce qui donne une diminution de 12,2 %. [...]

Comment expliquer cet état de choses quand on considère qu'il y a une augmentation croissante de la demande de fruits à l'état frais durant ces dernières années ? Les pommes n'étant pas assez abondantes pour répondre à cette demande, on favorise ainsi sans le vouloir, l'importation de fruits étrangers qui abondent sur nos marchés : oranges, bananes, ananas et raisins de Californie, sans compter les fruits des autres provinces du Dominion. Les marchés sont à notre porte et nous ne savons pas en profiter.

Le révérend père Léopold[15]

Quand on entre à l'épicerie, on ne les remarque même plus. En prêtant attention aux indications d'origine, on lit, comme si c'était banal : Afrique du Sud, Nouvelle-Zélande, Chili, État de Washington, Californie, Costa Rica. Un tour du monde sur papier. Sous nos yeux : des pommes de même taille, des kiwis parfaits, des grappes aux raisins uniformes, des agrumes aux couleurs si égales qu'on ne réalise pas qu'ils ont déjà été verts et attachés aux branches d'un arbre. Jamais d'imperfections : elles ont été évitées grâce aux traitements

---

15. Révérend père Léopold, *La Culture fruitière dans la province de Québec*, Institut agricole d'Oka, La Trappe, Québec, 1914, p. 5.

chimiques et mécaniques. Jamais de fruits gâtés: ils sont regroupés ailleurs dans le magasin et vendus à rabais. Ces fruits venus d'ailleurs auraient-ils, petit à petit, écarté les fruits locaux ou ceux cueillis dans des plantations plus rapprochées? Il y a lieu de le croire. Le rapport de la Commission Coulombe sur l'avenir de l'agriculture et de l'agroalimentaire québécois constate que la consommation de fruits augmente, mais que la production ne suit pas au même rythme. Le mouvement, commencé il y a fort longtemps, progresse et continue d'ébranler la diversité locale.

Les oranges ont fait leur apparition il y a quelques siècles, sur des tables dressées à des milliers de kilomètres de leur verger d'origine. Exception faite des clémentines, mandarines et fruits de plus petit calibre (plus fragiles au moment du transport), oranges, citrons et pamplemousses voyagent bien et connaissent depuis toujours les cales des bateaux. Dans *Goûter à l'histoire*, on apprend que, dès le XVIIe siècle, si «le colon canadien mange mieux que le paysan français», la bonne société est plus encline à la bonne chère. Selon le gouverneur d'Argenson: «pour cuisiner à la française, il convient de garnir son garde-manger de certains produits importés, notamment d'amandes, de raisins, d'écorces de citrons, de verjus, de sucre, d'olives et d'huile d'olive. Les pruneaux de Tours, le riz, les confitures sèches, le fromage de Hollande et, à l'occasion, les citrons et les oranges complètent les importations[16]».

D'où viennent ces agrumes? D'Amérique? D'Europe? Les explorateurs, Christophe Colomb le premier, avaient déjà eu l'occasion de laisser des pépins du côté des Amériques. Les premiers auraient été déchargés le 22 novembre 1493, à Hispaniola (aujourd'hui Haïti). Les graines sont vite devenues des arbres qui se sont bien adaptés aux conditions climatiques.

Quelques décennies plus tard, ces arbres se répandent dans les Caraïbes, de même qu'en Amérique du Sud. Les orangers apparaissent en Afrique du Sud en 1654, en Australie, en 1788. Les agrumiers sont déjà bien implantés en Floride depuis le milieu du XVIe siècle. L'orange séduit tous les palais; on s'habitue un peu plus lentement à la saveur des pamplemousses, et les premiers chargements de ces agrumes arrivent sur les marchés de New York et de Philadelphie aux environs de 1880.

---

16. Lafrance, Marc, Desloges, Yvon, *Goûter à l'histoire*, Service canadien des parcs/Éditions de la Chenelière, 1989, p. 9.

En Amérique du Nord, la Deuxième Guerre mondiale marque l'essor du développement des vergers d'agrumes. Au Sud, le Brésil avait déjà augmenté ses superficies en culture après la crise du café de 1930 (attribuable à la surproduction). Cinquante ans plus tard, le pays devenait le plus important producteur d'oranges au monde, détenant, selon les Nations Unies, le quasi-monopole du pressage du jus. Quatre-vingt-dix pour cent des oranges brésiliennes sont aujourd'hui consommées liquides.

Citrons qui mûrissent à la maison!

Frais ou pressé pour le jus… Voilà comment se résume, pour l'essentiel, le marché des agrumes. Une récolte qui se divise en deux blocs: les oranges, d'une part, et tous les autres fruits citrins, d'autre part. La récolte commerciale annuelle atteignait, au début du troisième millénaire, 105 millions de tonnes.

Los Angeles, la deuxième plus grande ville des États-Unis, s'est bâtie sur les champs d'orangers. «L'infinie banlieue» qui regroupe plus de dix millions d'habitants s'est étendue dans les vergers. Aujourd'hui, malgré la migration de la production vers l'Arizona, la Californie demeure une des deux grandes régions de production d'agrumes du monde.

Dans son livre sur l'histoire des agrumes, Pierre Laszlo, professeur de chimie à l'Université de Liège, en Belgique, nous apprend que: «À la fin de 1920, les producteurs d'oranges de Los Angeles gagnaient, *per capita*, quatre fois le revenu moyen de leurs concitoyens américains[17].» (notre traduction) Un succès qui s'explique, selon le chercheur, par le travail acharné des agriculteurs, l'irrigation et la recherche.

C'est dans cette région des États-Unis qu'est née l'organisation de commercialisation des agrumes la plus ancienne au monde. Sunkist, qui a vu le jour à la fin du XIXe siècle, regroupe plus de 6000 agriculteurs dont le tiers cultivent des citrons. Il s'agirait, selon l'entreprise, de la plus grande coopérative de producteurs de fruits et légumes au monde. Jerry Siebert, un économiste

---

17. Laszlo, Pierre, *Citrus*, Chicago, The University of Chicago Press, 2008, p. 69.

de l'Université de la Californie, note que la coopérative s'est régulièrement distinguée par sa capacité d'innovation : en 1907, elle fut la première à faire la publicité d'un aliment périssable ; en 1916, elle a suggéré à ses clients de « boire une orange » ; le terme vitamine C est apparu dans sa publicité six ans plus tard et, en 1926, elle « signait » ses fruits en y apposant son étiquette.

Les agrumes font depuis longtemps partie de notre quotidien. Encore une fois, avons-nous besoin de les consommer en plein cœur de l'été ? Il en est des agrumes comme des fraises : ils ont leur saison propre.

Tous ces agrumes, qui seraient les fruits les plus lucratifs pour l'industrie, côtoient depuis longtemps la banane, le fruit le plus exporté au monde.

C'est au moment de l'exposition universelle de 1876, celle qui marque le centenaire de la déclaration d'indépendance des États-Unis à Philadelphie, que nos voisins du Sud la découvrirent. Chaque fruit était enveloppé individuellement et vendu 10 cents !

Aujourd'hui, on récolte un peu plus de 100 millions de tonnes de plantains et de bananes dessert chaque année dans le monde. La Cavendish (la banane dessert) représente près de la moitié de ce tonnage. Seules 16 millions de tonnes de bananes traversent une frontière pour être vendues sur le marché international et traitées en produit de consommation courante. La très grande majorité des bananes est donc consommée près du lieu de production. Les autres voyagent et, même après avoir parcouru des milliers de kilomètres, elles ne coûtent pas cher. Dans plusieurs pays, il s'agit en effet du fruit le moins cher ; il bat même les prix des fruits cultivés localement.

Selon des spécialistes de l'Institut français de recherche agronomique au service du développement des pays du Sud et de l'outre-mer français, le CIRAD, ces coûts si faibles s'expliquent par l'intensification des systèmes agricoles : monocultures, utilisation de produits de synthèse, faibles salaires versés aux travailleurs agricoles, concentration de l'activité économique. Du travail dans les champs au conditionnement, puis, au transport, du mûrissement à la mise en marché, tout est intensif. Et tout ce marché de la banane dessert se concentre sur une étroite gamme variétale, celle d'un sous-groupe de bananiers qui s'appelle Cavendish : « Une banane exceptionnelle. Elle a un niveau de productivité énorme, jusqu'à 80 tonnes à l'hectare. Il y a peu d'exemples, dans la diversité des bananiers, qui ont ce potentiel», affirment ces chercheurs.

Un bananier n'est pas un arbre. C'est la plus grande de toutes les plantes de la planète. Une vivace géante. D'abord herbe nourricière qui, à la manière du maïs chez les autochtones d'Amérique, a permis à l'homme de faire plus que se nourrir, il est devenu un des premiers symboles de l'intensification des cultures fruitières en zone tropicale.

Et ces pratiques intensives vont jusqu'à compromettre la santé des ouvriers agricoles, en raison de la forte utilisation d'engrais et d'insecticides. Selon un portrait publié dans le magazine de l'Institut Worldwatch[18], la culture de la banane s'appuie sur un nombre phénoménal de

produits de synthèse : 400 traitements possibles, avec cette étape risquée qui force les ouvriers à monter très haut dans le bananier pour recouvrir le régime d'une gaine de plastique enduite d'insecticide. Un travail effectué à la chaleur, sans protection la plupart du temps ; les masques ne sont pas très populaires dans les bananeraies, aux dires des témoins.

Pas étonnant donc que la banane ait été le premier fruit à apparaître sur la liste des promoteurs du commerce équitable ou des certifications vertes. Les conditions de travail, les produits utilisés, la concentration du marché, tout concourait à faire d'elle un symbole. Pour les initiateurs du commerce équitable, la première démarche reposait donc sur les conditions de vie des travailleurs, en majorité liés à une des trois grandes entreprises mondiales : Chiquita, Dole et Del Monte, lesquelles contrôlent aujourd'hui 65 % du marché de l'exportation. Elles sont engagées dans toutes les étapes de la production : de la culture à la mise en marché finale. Propriétaires des plantations, des lieux de

---

18. *World Watch Magazine*, March/April 2008, vol. 21, n° 2, p. 3.

conditionnement, des ports d'expédition, des bateaux et des entrepôts au port d'arrivée. Un modèle d'intégration verticale, dans le langage économique.

Et que vous viviez à Iqualuit, à Montréal, à Vancouver ou à Paris, c'est une Cavendish que vous allez consommer. Elle occupe à elle seule la quasi-totalité du commerce mondial de la banane dessert. Les scientifiques rencontrés à Montpellier ne semblent pas particulièrement inquiets de cette situation, peut-être en raison du fait que la culture vivrière, encore largement majoritaire à l'échelle de la planète, s'appuie sur d'autres variétés, et ce, malgré l'histoire de la Gros Michel, une variété de banane décimée par la maladie de Panama, au milieu du XXe siècle.

Il existerait toujours plus de 1 000 variétés de bananes à travers le monde. Cependant, comme le font remarquer les chercheurs associés au Réseau international pour l'amélioration de la banane et de la plantain (INIBAP) : « Bien que seule une petite partie des 250 000 espèces connues de plantes à fleurs ait été domestiquée, la plupart d'entre elles ne jouent actuellement qu'un rôle marginal dans l'alimentation humaine. La tâche de nourrir l'humanité revient principalement à quelques cultures, parmi lesquelles le riz, le blé et le maïs. Bananes et plantains ne sont pas très loin derrière. Les cultures de base étant en nombre restreint, leur diversité génétique est d'autant plus importante pour relever le défi de nourrir les générations futures[19]. »

Selon des scientifiques de l'Organisation des Nations Unies pour l'agriculture et l'alimentation (FAO), il faut s'inquiéter de la disparition des variétés bananières sauvages en Inde, le premier producteur mondial. La surexploitation forestière, les cultures sur brûlis et l'urbanisation grandissante font disparaître des réservoirs de biodiversité et, avec eux, les ancêtres des bananes Cavendish et de plusieurs autres variétés, essentielles à l'alimentation des Indiens. La préservation des espèces sauvages, leur recensement sont aussi, selon plusieurs rapports internationaux, d'un intérêt primordial. Pensons d'abord à la protection de la biodiversité et, à travers elle, à la diversité alimentaire. Au Québec, nous pourrions sans doute vivre sans bananes ; ce n'est pas le cas pour tout le monde.

Quant à l'offre globale de bananes biologiques, elle se bonifie. Entre autres grâce au commerce équitable, à quelques initiatives originales et sous

---

19. Rapport annuel de l'INIBAP 2005. Réseau international pour l'amélioration de la banane et la banane plantain, Montpellier, France, page 6. http://bananas.bioversityinternational.org

KUK

Été 2008 : Au moment de la rencontre de l'Unesco à Québec, on apprend que 28 nouveaux sites sont classés au patrimoine mondial de l'humanité. Le Centre historique de Camagüey, à Cuba, les forêts sacrées de Kaya, au Kenya, et les falaises fossilifères de Joggins, en Nouvelle-Écosse, s'ajoutent à tous ces autres témoignages concrets qui mettent en valeur la culture, l'ingéniosité humaine, les particularités naturelles, et ce, à travers l'histoire et le temps. L'Unesco accepte, en même temps, le classement de l'ancien site agricole de Kuk*, en Papouasie–Nouvelle-Guinée. Cent seize hectares de marécages, situés à 1 500 mètres au-dessus du niveau de la mer où on pratique l'agriculture depuis 7 000 ans, peut-être même 10 000, selon certaines études. On y récolte le taro (un tubercule comestible), l'igname (une plante grimpante cultivée pour son rhizome comestible) et la banane. Les découvertes des archéologues permettent de suivre l'évolution des techniques de drainage et des pratiques agricoles.

Automne 2008 : Je rencontre Kristal Buckley. Elle est de passage à Québec. Elle connaît Kuk, de même que l'apport des sites agricoles au patrimoine de l'humanité. « La raison pour laquelle le site de Kuk obtient cette reconnaissance est qu'il s'agit d'un des premiers signes de la pratique de l'agriculture dans les îles du Pacifique. Un témoignage qui confirme qu'elle s'est développée, en parallèle, dans plusieurs régions du monde plutôt que de s'étendre à partir d'un premier foyer de sédentarisation. Il s'agit d'étapes majeures du développement de l'humanité et l'étude de ces lieux nous aide à comprendre comment les gens vivaient, leurs moyens de subsistance, l'occupation du territoire et l'étalement des humains partout sur la planète, y compris dans ces endroits "éloignés". Kuk est un élément du grand casse-tête de l'histoire agricole. »

Pour la vice-présidente du Conseil international des monuments et sites (ICOMOS), la nourriture et l'agriculture sont des marqueurs indéniables de l'occupation humaine à la grandeur du monde ; elles confirment l'expansion des populations, montrent la survie possible.

« Aujourd'hui, ces gens se trouvent confrontés à un choix : cultiver ces plantes qui les nourrissent depuis si longtemps ou opter pour le café, une culture de rente, une production qui accorde un revenu qui fluctue en fonction des marchés mondiaux. Et les méthodes de culture s'opposent, ce qui rend encore plus complexe la protection des lieux. »

Il n'y a donc pas que des enjeux liés à la protection d'un site, mais une réflexion sur l'économie mondialisée, l'autonomie des paysans, leur capacité de décider de leur alimentation, de leur style de vie, etc. Cet exemple soulève des questions qui s'étendent dans un périmètre beaucoup plus grand que celui de l'île sur laquelle se trouve Kuk.

---

* Voir : www.worldheritagesite.org/sites/kuk.html

l'égide des grands joueurs du marché mondial. Une rapide tournée des sites Internet des géants montre bien que chacun développe sa gamme de produits bio et sa propre certification verte. De quoi, encore une fois, confondre les consommateurs. Quelle certification est la meilleure? La certification biologique? Celle de la Rainforest Alliance? Celle de l'entreprise?

Les bananes bio coûtent un peu plus cher, c'est vrai. Depuis quelque temps, on reproche au processus de certification de représenter une dépense très importante pour les coopératives de producteurs, comme on critique le fait que la plupart des intermédiaires en profitent pour majorer leur marge de profit. Mais le bio offre ce grand avantage de réduire les applications de pesticides et de produits de synthèse de toutes sortes, ce qui réduit les risques pour l'environnement et pour les travailleurs agricoles. De plus, ces façons de pratiquer l'agriculture misent sur des principes de diversification, la monoculture et le bio ne faisant généralement pas bon ménage! Plus d'espèces au sein de la plantation, davantage de cultures vivrières qui servent à l'alimentation des familles, une moins grande dépendance des paysans aux apports d'aliments de l'extérieur. Des avantages sur les plans de l'environnement et du développement.

Toutefois, si vous croyez à la certification équitable, la combinaison bio-équitable s'avère à mon avis la plus intéressante sur les plans social et environnemental. Pour plusieurs consommateurs préoccupés par l'éthique, le développement, et prêts à payer un peu plus cher pour leurs aliments, à condition que les paysans producteurs en profitent directement, la proposition en vaut la peine. Si la situation n'est pas parfaite, elle représente un net avantage sur l'offre conventionnelle, notamment parce qu'elle propose l'internalisation des coûts c'est-à-dire l'inclusion des charges sociales et environnementales liées à la production.

Anecdote amusante: On rapporte que les chimpanzés du zoo de Copenhague épluchent les bananes non bio avant de les manger, mais pas les bio, qui sont goulûment avalées. Du flair? De l'instinct? De la gourmandise? À vous de choisir!

À ces denrées se sont ajoutées plusieurs espèces au cours des dernières années: kiwis, raisins, mangues, ananas en sont quelques-uns. Des fruits qui

ÉQUICOSTA* OU L'ÉQUITABLE SIGNÉ QUÉBEC

Danielle et Julie Marchessault sont des pionnières, non pas du commerce équitable, mais de la banane certifiée biologique et équitable sur les marchés du Québec et de l'Ontario. Pour cette mère et sa fille, la certification équitable représentait à la fois une solution et une occasion d'affaires.

C'est ainsi qu'elles ont, dans un premier temps, couru les campagnes en Amérique centrale et en Amérique du Sud, à la recherche de coopératives de producteurs prêtes à les approvisionner en bananes produites selon les cahiers des charges du commerce équitable et certifiées bio. Après des visites en République Dominicaine, au Costa Rica, en Équateur, elles ont arrêté leur choix sur une coopérative équatorienne. Nuevo Mundo regroupe une soixantaine de familles et cultive ses bananes en régie biologique. La plantation, qui mise sur la diversité des espèces et l'approvisionnement alimentaire de la communauté, les a séduites.

Leurs premières bananes ont été livrées dans les magasins d'alimentation naturelle et quelques fruiteries québécoises à l'hiver 2008; très vite, la demande a explosé. Neuf mois plus tard, les bananes Équicosta se vendaient dans plus de 250 endroits au Québec et en Ontario. D'un conteneur par semaine, Danielle et Julie Marchessault étaient passées rapidement à deux et s'apprêtaient à augmenter encore les commandes en s'approvisionnant auprès d'une autre coopérative. Pour diversifier l'approvisionnement et répartir la prime sociale liée aux ventes. Un conteneur de bananes contient 960 caisses de fruits; chacune des caisses pèse un peu plus de 18 kilos. La prime sociale, liée à la certification équitable, représente un dollar américain par caisse, ce qui, en fin d'année, totalise un revenu additionnel important pour les communautés agricoles.

« C'est difficile; chaque conteneur en transit au port de New York fait l'objet d'une inspection et d'une enquête pointue. Nos papiers sont en règle, la réputation de nos producteurs irréprochable et c'est à recommencer chaque fois. Mais quand nous sommes tentées de baisser les bras devant ces complications, la difficulté que représente la distribution ou quand nous voyons notre marge de profit fondre devant l'augmentation des coûts de transport, ce sont les réactions des acheteurs que nous croisons dans des événements publics qui nous redonnent du courage. »

* Voir: www.equicosta.com/

occupent une part grandissante du panier et qui se mangent, de plus en plus, à des milliers de kilomètres de leur lieu de culture.

La mangue a fait son apparition en 1903 à Montréal. Le journal *La Presse*, dans son édition du 24 janvier, rapporte ceci: «Un nouveau fruit vient d'être mis en vente sur le marché montréalais, c'est la mangue. L'arbre qui produit cette sorte de pomme si délicieuse s'élève à une hauteur de 18 pieds. Les premiers échantillons de ce nouveau fruit nous sont arrivés, la semaine dernière, de la Jamaïque. On sait que l'introduction sur le marché d'un produit nouveau est toujours très difficile. Les commerçants craignent d'acheter des fruits qui sont presque inconnus et préfèrent ne pas tenter des innovations dans leur négoce. Cependant quelques-uns d'entre eux ont entrepris d'essayer la vente de la mangue, de sorte que bientôt les gourmets mordront à belles dents dans la chair de ce fruit si succulent[20].» On prédit, dans le même article, que la mangue sera bientôt aussi populaire que la banane!

S'il lui a fallu du temps pour s'installer sur les marchés, les dernières années démontrent une progression impressionnante. Incorporée aux jus, aux sorbets, aux salades et vendue fraîche, la mangue devient un fruit de tous les jours. Son arrivée dans nos assiettes s'apparente à celle du kiwi, il y a quelques décennies. Encore une fois, ce marché mondialisé ne fait voyager que quelques variétés, qui ne sont en rien le reflet de la diversité planétaire.

Depuis quelque temps, les ananas frais sont plus présents dans nos épiceries. Au début du mois d'octobre 2008, en pleine cueillette de pommes, de poires, dans l'abondance de la récolte de légumes racines, de brocolis, choux-fleurs multicolores, une grande surface les offre en promotion, à côté des asperges. Rappelons-nous qu'à une époque, qui n'est pourtant pas si lointaine, on ne les trouvait qu'à Pâques et à la période de Noël. Ils côtoient les fraises de Californie, les poires de Chine, les citrons du Chili dans les prospectus et les comptoirs des supermarchés.

La question qui s'est alors imposée est simple en apparence: Pourquoi, trouve-t-on autant de ces fruits? Quelle est leur provenance? Leur histoire? Les Anglais, les Français, les Américains mangent-ils les mêmes ananas? Certaines des réponses, obtenues au fil de la recherche, sont troublantes.

---

20. *La Presse*, Montréal, 24 janvier 1903, p. 8.

Cueillis dans les plantations d'une seule multinationale, ces fruits ont été récoltés au Costa Rica. En peu de temps, ce pays d'Amérique centrale, déjà bon producteur de bananes, a vu ses superficies d'ananas s'agrandir. En fait, des observateurs du pays rapportent qu'il n'a fallu que six ans pour que ces superficies atteignent celles de la banane. Pour étendre sur 40 000 hectares la culture bananière, il en avait fallu 80. Le fruit est devenu un produit d'exportation. Mais qu'est-ce qui a permis cette augmentation importante des cultures?

Le premier élément de la réponse vient de la France, d'un agronome du CIRAD, aujourd'hui à la retraite. Claude Teisson explique que cet ananas que l'on trouve aujourd'hui et qui s'appelle «MD 2», «Sweet» ou encore «Gold», vient détrôner l'ananas Cayenne, disponible auparavant. La saveur plus sucrée et plus goûteuse de cet hybride naturel, découvert dans une collection publique à Hawaï, plaira davantage aux consommateurs. Autre élément de réponse: les grandes multinationales de la banane ont du mal à recruter de la main-d'œuvre et à résister à la pression immobilière à Hawaï. Il leur faut donc de nouvelles terres d'accueil pour leurs plantations. Le Costa Rica deviendra leur terre de prédilection. Pour le reste, le système d'une extrême efficacité mis en place pour les bananes se déploiera.

On a observé, selon Statistique Canada, près de 500% d'augmentation des importations entre 1996 et 2006. Cette année-là, 82% des ananas consommés au Canada provenaient de ce pays d'Amérique centrale.

Je me rappelle encore de l'éclat de rire entre ma question… et la réponse. J'étais à Montpellier, au sud de la France, en compagnie de chercheurs spécialisés dans la culture des fruits tropicaux; tous du CIRAD. Hubert de Bon, Denis Loeillet, Rémy Hugon et Christian Didier avaient accepté de me rencontrer pour me guider sur la piste des fruits des tropiques. Tous, dans des champs de compétence différents, détenaient des informations précieuses sur les variétés, la culture, le conditionnement et les marchés mondiaux. Après les avoir entendus parler de bananes, d'ananas, de mangues, de kiwis, après avoir profité de leurs connaissances sur l'Afrique, l'Asie, l'Espagne et l'Amérique du Sud, au terme de la discussion, je leur ai demandé: «Pensez aux fruits et dites-moi ce qui représente l'exotisme pour vous aujourd'hui?» et tous, en chœur, de répondre en riant: «Le local!», tant, ironiquement, les fruits tropicaux sont devenus des aliments quotidiens.

LE CÔTÉ SOMBRE DE L'HISTOIRE

La presse costaricienne et le *Miami Herald* rapportent que les résidents d'El Cairo, une ville de 6 000 habitants, doivent boire l'eau qui leur arrive par camion-citerne ; les nappes phréatiques sont contaminées, en raison de l'utilisation des pesticides ; les plantations d'ananas seraient en cause. Les charges contre les pratiques agricoles, les conditions de vie des travailleurs, la déforestation, l'érosion des sols et l'impact des pulvérisations aériennes de pesticides sur la santé des gens et des écosystèmes se multiplient.

En juin 2008, au moment de la journée de l'Environnement décrétée par les Nations Unies, une soixantaine d'universitaires, des ONG et des groupes de défense de l'environnement et de protection des droits des travailleurs agricoles ont signé la Charte de défense de la nature costaricienne pour alerter l'opinion publique. On y trouve leurs principales préoccupations quant à la protection de la biodiversité et à l'état du littoral. Parmi les demandes, un moratoire pour empêcher l'aménagement de nouvelles plantations d'ananas dans certaines zones sensibles sur le plan écologique.

Par ailleurs, Oxfam, une organisation de défense des droits humains, réclame, en Allemagne comme en Grande-Bretagne, que les acheteurs des grandes chaînes de supermarchés fassent pression sur les grands producteurs pour que les conditions de vie des travailleurs s'améliorent.

L'ananas devient-il, en raison de ces méthodes de production, la nouvelle banane ? Un fruit qui perd sa saveur à mesure que s'installe le doute sur l'impact des monocultures et ses effets sur l'environnement ? À quel prix se paie le véritable développement ? La protection de la biodiversité ? Quel est le véritable coût de ces ananas ? Voilà quelques-uns des « pépins » rencontrés au cours de cette recherche.

Un exemple qui illustre, à lui tout seul, la complexité de ces pratiques et toutes les questions qu'elles laissent en plan.

La salade de fruits de l'avenir ?

Nous rentrons de vacances. Le *Princess of Acadia*, le traversier qui relie Digby, en Nouvelle-Écosse, à Saint-Jean, au Nouveau-Brunswick, a fait le plein de tous ses véhicules et s'apprête à partir. Le soleil brille sur les deux rives de la baie de Fundy et une brume à couper au couteau règne sur la mer. Nous ne verrons rien, sinon le brouillard.

La pomme

Nous avons l'habitude en vacances de courir les marchés fermiers, de poisson, marchés publics de toutes sortes qui animent villes et villages. Tôt le matin, nous allons voir les marchands s'installer. Cette fois, à force de voyages, de rencontres tissées au fil des ans, nous avons retrouvé des fromagers, goûté le premier cheddar de lait cru de l'Île-du-Prince-Édouard, revu des boulangers appréciés par une clientèle fidèle et découvert de nouveaux maraîchers. Leurs étals sont magnifiquement colorés par le soleil qui s'est fait généreux sur les champs. La récolte est à la mesure de son intensité.

C'est la fin de la première dizaine d'août ; la grande finale pour les framboises, les groseilles et les cerises. Dans quelques jours, il n'y aura plus de bleuets cultivés sur les plants. On cherche des cueilleurs de prunes à Wolfville et, bientôt, ce sont les cueilleurs de pommes qui manqueront à l'appel. Les arbres ploient sous le poids des fruits d'automne. Les mangeurs enthousiastes rapportent fièrement leurs provisions du marché, des idées de cuisine plein la tête. En Amérique du Nord depuis quelques années, les marchés publics attirent de plus en plus de gens.

Un frigo d'hier, écolo avant l'heure !

Pendant cette courte semaine de vacances, après avoir vu des pommes d'Afrique du Sud dans un supermarché de l'Île-du-Prince-Édouard et, au même endroit, des pêches en conserve, emballées en format individuel et provenant de Chine ; après avoir vu toutes ces affichettes artisanales de framboises et de bleuets à cueillir et aperçu d'impressionnants massifs d'amélanchiers et de cerisiers sauvages au bord des routes et des champs, je me suis plusieurs fois interrogée sur la mondialisation. Qu'avons-nous fait pour, qu'en plein été, on arrive si difficilement à obtenir les fruits d'une région ? Et qu'avons-nous fait de la notion de qualité ? Une stricte norme de salubrité et d'hygiène ? Passe-t-elle au second rang, derrière l'étiquetage nutritionnel ? En tout cas, si sa définition s'appuie sur la fraîcheur, nous avons à apprendre à faire la différence entre le frais et le froid. Nous vivons dans un monde qui sait réfrigérer les récoltes à la vitesse de l'éclair, qui gère des transports sur de très longues distances, et nous oublions que la fraîcheur se cueille juste à côté de chez nous.

Bien sûr, il y a l'hiver. La réfrigération, puis les avancées du secteur du transport nous ont fait oublier de raffiner les méthodes de conservation adaptées à notre réalité climatique. Les caveaux à légumes, ces chambres froides creusées dans le sol de la Côte-de-Beaupré sont quasiment disparus et, dans les maisons, c'est le vin qui a droit au traitement que l'on réservait hier aux fruits et aux légumes d'hiver. Pourquoi conserver sa provision de carottes, alors que le frigo du supermarché se remplit tout l'hiver ? Pourquoi congeler fruits et compotes au moment de la récolte ? J'entends déjà des gens dire que le congélateur domestique représente une dépense d'énergie qui n'est pas négligeable. Et les entrepôts réfrigérés des pays tropicaux ? Les conteneurs ? Les frigos et congélateurs de supermarchés ?

Pour plusieurs, la qualité des fruits semble maintenant une stricte question d'apparence. Pour certains spécialistes de la nutrition, un apport de vitamines; chez certains industriels de la transformation, une matière première à obtenir au meilleur prix.

Pendant ce temps, on cherche à convaincre les gens d'aimer les fruits, d'en consommer davantage, ce que suggèrent, depuis quelques années, toutes les campagnes de santé publique, ici comme ailleurs. Mais de quels fruits s'agit-il? Il y aurait peut-être là de belles occasions de voir loin et grand. Une façon d'initier les enfants aux saveurs locales, de piquer la curiosité des adolescents, de faire apprécier le frais, la saison, le lieu, et les personnes qui nous nourrissent.

Tous les fruits ne sont pas égaux… Une pomme de saison, cueillie à maturité, juteuse et parfumée n'équivaut pas à n'importe quelle pomme venue d'on ne sait où, cultivée on ne sait comment et traitée, sans trop d'égards, à mesure que s'allonge le parcours. Ceux qui vivent au bout des chaînes de distribution pourraient en témoigner.

La visite de quelques épiceries du Nord m'a marquée. Une, en particulier, dans une communauté autochtone du Nord, avec Jacques Proulx, l'ancien président de Solidarité rurale. Quelques pommes emballées sous plastique, des oignons défraîchis, de l'ail de Chine, des agrumes, des pommes de terre et de la laitue brunie d'avoir fait autant de chemin! Rien pour inciter qui que ce soit à les manger. À quoi et à qui sert ce message «santé»? Pas besoin de visiter les communautés autochtones, l'offre de certains dépanneurs et épiceries dans les villages comme les centres-villes est déprimante. Il y a moins d'un siècle, on mangeait sans doute moins de fruits exotiques et peut-être même moins de fruits, mais on savait à tout le moins préserver la récolte locale en prévision de l'hiver. Et on savait la conserver. Nous avons cette chance de pouvoir nous appuyer sur des connaissances scientifiques qui mènent à de nouvelles variétés, de développer des technologies de conservation qui préservent la saveur des aliments et le luxe d'avoir, de temps à autre, l'exotisme sur la table. Le véritable.

Au retour des vacances, j'ai posé la question autour de moi: Qu'est-ce qu'un fruit de qualité? Beau et bon ont été les premières réponses. On mange avec les yeux, c'est bien connu. Puis, ont surgi les souvenirs: les paniers de prunes jaunes dévorées par un groupe d'enfants à la fin de l'été. Une pomme juteuse, pleine des sucres de l'été, mangée alors que l'automne colore la campagne.

Les premières fraises qui annoncent le début d'un nouvel été. Les bleuets sauvages, concentrés de saveurs d'un coin de forêt. Des cerises qui n'ont pas connu le réfrigérateur, que l'on mange tièdes, qui goûtent le soleil de toute une journée. Des couleurs, des saveurs qui restent en bouche et des émotions en prime.

On peut continuer : il y aurait aussi la mangue que l'on a su cueillir, mûre à perfection, l'orange ou le pamplemousse prêts à manger, les clémentines de Noël. Quelle chance nous avons ! Quand nos fruits frais viennent à manquer, plutôt que de devoir nous rabattre en exclusivité sur les conserves, nous avons ce qui vient d'ailleurs. Cependant, il n'y a plus de clémentines de Noël, mais des clémentines tout court. Plus d'ananas frais à Pâques, mais des ananas à l'année. Quant aux fraises, on ne remarque même plus l'aberration qui pousse à les faire voyager, en camion, sur des milliers de kilomètres à travers le continent. Cette offre, qui défie le concept des saisons révèle que nous oublions ce qu'elles sont et comment elles pourraient encore rythmer la vie de tous les jours et le contenu de l'assiette. Et je me demande encore, après ces mois de travail et de recherche comment une framboise, un des fruits les plus fragiles, peut traverser un continent. Partir de Californie pour arriver ici entière et survivre au réfrigérateur, intacte… en apparence.

Qu'est-ce donc qu'un fruit de qualité ? Un fruit qui satisfait pleinement celui qui le mange ; un fruit chargé de sucres, une saveur complexe qui réveille les papilles. Un aliment qui nourrit. Un fruit que l'on sait entreposer, transformer pour qu'il vieillisse correctement. Claude Gélineau, qui travaille très fort à produire la nourriture de sa famille, à explorer toutes les possibilités de toutes les méthodes de conservation (cuisson, séchage, entreposage, congélation), rappelle avec justesse leur caractère précieux. « Et quand c'est vous qui le cultivez, il le devient encore plus », constate-t-il. Dans un monde industrialisé qui jetterait aux ordures le quart, voire le tiers de toute la nourriture produite, combien de fruits prennent le chemin de la poubelle ?

Cessons de voir dans les pots de confitures maison une seule source de sucre… Pensons plutôt au plaisir de les faire, de sentir les fruits qui cuisent, de voir leurs couleurs dans quelques pots de provisions.

En janvier, mettez sur la table une petite compote de rhubarbe congelée depuis la fin de l'été. Du genre de celles qui exigent qu'on laisse la rhubarbe se libérer de son eau pendant toute une nuit sous l'effet du sucre avant de faire bouillir et d'ajouter, quasiment à la dernière minute, un peu de fraises… juste assez pour colorer. Un délice. Aucune framboise venue de l'autre bout de l'autre hémisphère ne pourra rivaliser avec une poignée de tiges de rhubarbe et quelques fraises. Pas plus que les rhubarbes et les fraises achetées hors saison ne pourront vous offrir le même plaisir. À en manger tous les jours on s'en lasserait, c'est vrai.

Réapprenons la saison, la région ; amusons-nous à greffer, multiplier, essayer dans nos propres jardins pour ensuite poser des défis aux producteurs. Trouvons des façons pour qu'ils vivent mieux de l'agriculture. Développons d'autres types de mise en marché et, plutôt que de toujours copier le géant, regardons chez les petits pour faire autrement, plus simplement.

Imaginons aussi d'autres solutions pour combler le vide apparent créé par notre saison blanche : chambres froides, congélateurs communautaires dans les édifices en copropriété, des systèmes d'agriculture soutenue par la communauté qui fonctionneraient à l'année avec des produits transformés, des corvées de transformation des aliments. Mais imaginons aussi des solutions d'avenir, de nouvelles façons de faire qui s'appuient sur des technologies nouvelles. Voyons loin, grand. La solution ne repose peut-être pas toujours dans le micro, le très petit, mais dans l'équilibre.

À l'heure où, à Vancouver, on plante des arbres fruitiers en pleine ville, où, dans le quartier Villeray à Montréal, une femme fait de même pour que les résidents du quartier aient de temps en temps le plaisir de cueillir un fruit, où, à Montreuil en banlieue de Paris, on rêve de reconstruire les murs à pêches, imaginons des arbres fruitiers dans les parterres, des poiriers dans les cours d'école, des vergers communautaires. Et faisons, raisonnablement, la fête avec les fruits exotiques… pour que l'exotisme retrouve son sens : « Qui appartient aux pays étrangers lointains, qui en provient », selon la définition du dictionnaire *Larousse*. Et pour qu'une mangue, dégustée une rare fois en plein cœur de l'hiver, fasse revenir la chaleur. Et qu'une compote de pommes, faite avec des pommes de garde, meilleures d'avoir pu vieillir, remporte la palme du quotidien.

ABÉCÉDAIRE DES POMMES

Les chercheurs d'Agriculture et Agroalimentaire Canada ont dénombré 254 variétés de pommes dans les vergers de l'est et du centre du Canada*. Certaines variétés portent deux ou trois noms mais il faut surtout retenir que la diversité est intéressante. Les vergers expérimentaux qui subsistent au Québec, en Ontario et en Nouvelle-Écosse abritent plusieurs cultivars. Il en va de même pour quelques vergers commerciaux et chez certains particuliers. Voici quelques noms de pommes d'hier, d'aujourd'hui et de demain.

  Alexandre : Importée d'Ukraine, introduite au Québec au XIXe siècle. On en trouve aujourd'hui dans quelques anciens vergers.

Akane : Serait une des bonnes pommes pour le séchage.

Blanche : La première pomme de nos étés. Pelure tirant sur le jaune, chair peu sucrée, elle perd vite sa fermeté et se prête mal au transport et à la manutention. Elle ravit les amateurs de fruits surets et annonce le début de nos récoltes.

Braeburn : Cultivée au Chili, au sud de la France et en Nouvelle-Zélande (où elle est apparue). Les pommiers produisent beaucoup ; la pomme se conserve longtemps.

Canada (grise, blanche, rouge) : Variété anglaise, encore disponible en Europe et peu connue chez nous. Elle a la pelure rugueuse des reinettes.

Pomme Canada

Cortland : Chair blanche, bonne à cuire : elle garde sa forme à la cuisson.

  Duchesse : Pas seulement une façon d'apprêter les pommes de terre, mais une vieille variété de pommes qu'on peut encore trouver dans certains vergers.

  Empire : Une des trois variétés les plus consommées au Québec, issue d'un croisement entre la McIntosh et la Rouge délicieuse.

---

* Cousineau, Johanne et Kanizadeh, Shahkrokh, *Les pommiers de chez nous*, Agriculture et Agroalimentaire Canada. 1998.

La pomme

 Fameuse : «*Issue sans doute de cultivars venus de France, la Fameuse développe dans son nouveau terroir des qualités gustatives qui vont la ranger parmi les meilleures pommes de table durant au moins trois siècles**.» On l'abandonne au XXe siècle, en raison de sa sensibilité à la tavelure. Elle est détrônée par des pommes plus grosses.

Fuji : Une des principales variétés de culture commerciale sur la planète. Originaire du Japon.

 Gravenstein : Selon ses défenseurs californiens, elle est difficile à cueillir et à vendre, notamment parce que les pommes ne mûrissent pas toutes en même temps. Mais ils se battent pour sa survie et l'ont fait monter à bord de «L'Arche du Goût», arche de Noé symbolique du mouvement Slow Food. Elle pousse en Nouvelle-Écosse. Il ne reste que six producteurs commerciaux en Californie.

Granny Smith : Verte, croquante, disponible à l'année chez nous. On l'aurait découverte en Australie.

 Honeycrisp : Variété sur laquelle misent plusieurs pomiculteurs québécois. Juteuse, sucrée, croquante. Elle a des exigences particulières de conservation. Alors que les autres variétés de pommes patientent dans des entrepôts à atmosphère contrôlée, elle doit être isolée et maintenue à des températures légèrement plus élevées pour garder sa saveur. Dans de bonnes conditions, elle reste ferme jusqu'en avril.

 Idared : Une pomme à chair blanche et croquante. Comme plusieurs pommes colorées, il lui faut beaucoup de soleil pour atteindre une couleur maximale!

 Jazz : Joli nom pour une pomme aperçue sur les marchés de Paris, revue ici dans les comptoirs (était-elle importée là-bas aussi?). Croisement de la Braeburn et de la Royal Gala.

 Kanzi : Récoltée pour une première fois à l'automne 2007, en Belgique. Une marque déposée. Ce qui devrait, en principe, assurer de meilleurs revenus aux pomiculteurs qui voient ainsi leur investissement protégé puisque les arbres, comme les fruits, sont commercialisés sous forme de licence. Le terme viendrait du swahili et signifierait trésor caché.

---

* Martin, Paul-Louis. *Les fruits du Québec. Histoire et traditions des douceurs de la table*. Sillery, Éditions Septentrion 2002, p. 135.

Liberté : Il s'agirait d'une des variétés adaptées à la culture biologique, avec la Bel Mac, la Redfree et la Trend. On trouverait une douzaine de vergers en régie biologique au Québec. Ces pommes sont en demande. Pour plusieurs, l'essor des vergers bio passe par la mise au point de variétés différentes, plus résistantes aux insectes et aux maladies et plus goûteuses !

McIntosh : A-t-elle encore besoin de présentation ? Sans doute pour ne pas qu'on l'oublie. C'est la reine incontestée de nos vergers, développée pour sa saveur. À croquer et à transformer en compote ! On la récolte l'automne et on la conserve tout l'hiver.

Northern Spy : Une variété tardive, croquante, juteuse. Une pomme qui garde sa forme à la cuisson et qui supporte mal le transport.

Oldenburg (Duchesse d'Oldenburg) : Du nom de l'épouse du tsar Alexandre 1er. Elle a été introduite chez nous au début du XIXe siècle*.

Paulared : Blanche, fine, goûteuse. Une des belles pommes de la fin d'août.

Quinte : Issue d'un croisement entre la Crimson Beauty et la Melba.

Rouge délicieuse : Foncée, de forme allongée, une des pommes les plus populaires sur le marché. On prévoit qu'elle représentera 17 % des cultivars de la planète en 2010.

Royal Court : Elle pousse dans des vergers de l'île d'Orléans. Sa compote rosée est délicatement sucrée. La recette ? Des pommes… tout simplement !

Saint-Laurent : Une pomme d'hiver. Elle met des semaines à développer sa saveur après sa récolte d'automne tardive. Elle aurait un goût de miel. Pratiquement disparue.

Sauvage : Imaginez la joie des colons français lorsqu'ils découvrirent des pommiers sauvages sur le flan du mont Saint-Hilaire ! Le cidre qu'ils fabriqueront provoquera la colère du curé qui constate que « dans la montagne, on boit plus de pommes qu'on en mange** ».

Transparente : Un autre nom pour la Blanche, mentionnée plus haut. Elle devient vite farineuse, se conserve mal mais comme c'est la première, on lui pardonne ses défauts ! On parle aussi de Jaune transparente.

---

* *Cultiver un patrimoine oublié. Les vergers anciens d'arbres fruitiers de la Côte-du-Sud*, Ruralys, mai 2008, p. 13.
** www.centrenature.qc.ca/conservation

Vista Bella : Variété hâtive du New Jersey. Avec la Jerseymac, c'est une des pommes d'été disponibles à grande échelle ; sa durée de vie est très courte.

Verger : Celui du Parc national du Mont-Saint-Bruno est devenu l'endroit de démonstration des techniques de culture fruitière intégrée (lutte alternative, protection contre les prédateurs naturels, gestion globale du verger).

 Wealthy : Elle fait partie des variétés propagées par le Verger Conservatoire de la Côte-du-Sud.

CHAPITRE 2
Le sushi

Elle maîtrisait à la perfection la science de la friture de l'éperlan. Après les avoir passés au poêlon, elle les salait et les empilait dans une assiette au centre de la table [...].
Quel régal! Il me semble que ce repas avait toujours lieu en octobre.
Les éperlans sont-ils en saison en octobre? J'ai l'impression qu'ils sont maintenant disponibles l'année durant chez l'épicier.

Michèle Plomer[21]

Pourquoi les sushis et, à travers eux, les poissons?

Pourquoi le poisson? Pourquoi le poisson plutôt que le bœuf? Le lait? Le sujet s'est imposé, lui aussi. Pour plusieurs raisons. Les histoires de pêche sont loin d'avoir toutes été dites, enregistrées, racontées. Et avec l'arrêt de plusieurs pêches commerciales, les récits s'effacent. Les bateaux vieillissent en cale sèche et les pêcheurs rentrent dans l'oubli.

Parmi tous les aliments disponibles, la variété de poissons impressionne. Une fois nommés le bœuf, le porc et le poulet, nous avons quasiment fait le tour de la viande. Pour ce qui nous vient de la mer, des lacs, des rivières, il en va tout autrement. Mais nous dilapidons les réserves et nos tentatives d'élevage demandent du raffinement et une plus grande sensibilité à l'endroit de la nature.

Pourquoi le poisson? Parce que nous sommes un pays d'eau. Le grand fleuve nous a nourris, nos milliers de lacs et de rivières aussi. Nous avions et aurions encore, pour peu que l'on protège ce qui reste, un garde-manger

---
21. Plomer, Michèle, *Le Jardin sablier*, Montréal, Marchand de feuilles, 2007, p. 55-56.

extraordinaire. Une saison assez longue pour cultiver céréales, fruits et légumes, des trésors en forêt, du gibier, des endroits où élever nos animaux de boucherie et de l'eau, beaucoup d'eau : douce, saumâtre, salée.

Dans nos romans, des hommes remontent les rivières ou se battent avec la mer et ses géants ; dans les chansons, des femmes et des enfants espèrent leur retour, au village ou sur les quais. Dans la vraie vie, comme dans toutes les histoires inspirées du réel, courir les bois ou pêcher, c'est affronter plus grand que soi, sentir que la nature ne joue pas et chercher, même avec radars et GPS, l'étoile qui va nous ramener à bon port.

Si les carpes sont les poissons de l'Asie (en particulier de la Chine), la morue est le poisson de l'Atlantique Nord, la manne miraculeuse. Son histoire se raconte sur la mer et dans les assiettes, comme dans l'abondance et les crises. Pendant toutes ces années à *D'un soleil à l'autre*, nous avons suivi, quasiment en direct, les moratoires, la publication des rapports, la colère des pêcheurs, leur désarroi. S'exprimaient en même temps, les préoccupations des scientifiques qui cherchaient, qui suivaient presque au jour le jour ces stocks qui ne donnaient aucun signe de reprise.

Une première visite à Terre-Neuve, au milieu des années 1990, m'a marquée. L'incrédulité, la détermination à retourner pêcher se percevaient partout. J'ai été émue par ces rencontres offertes comme des cadeaux, alors qu'on m'invitait à m'asseoir à table pour parler d'exil, de pêche, de ces projets de sentiers de randonnée qui allaient redonner une nouvelle image et un souffle d'espoir.

Mais le poisson, pour moi, c'est d'abord, le fleuve. Le Saint-Laurent et ses soleils de soirée, ses colères d'automne ; nos étés avec les montagnes de Charlevoix pour télé, à partir à la rencontre de la marée en bottes de caoutchouc, apercevant, de temps en temps, quelques poissons mystérieux, envasés. Et ces histoires d'esturgeons dont un record de 150 livres, vendu à ma grand-mère paternelle pour les provisions d'hiver. Jamais n'avait-elle mis autant de poisson en conserve.

Sur notre table ? Beaucoup plus que le poisson du vendredi. L'esturgeon, de temps à autre, et la présentation admirative de cette relique préhistorique, la délicatesse de l'alose et puis, plus d'esturgeon, plus d'alose. Fini. Expo 67, l'île artificielle, les épandages d'insecticides… autant de tentatives d'explications. « Plus rien dans les coffres », disaient les pêcheurs. Mais encore pas mal d'anguilles, un

Le Saint-Laurent, l'hiver.

peu de truite, des éperlans, de la morue, les premiers filets congelés : poissons à chair blanche, pressés en brique. «Le» homard de l'année, cadeau de voyage rapporté par nos parents de leur excursion annuelle en Acadie.

Au fil des ans, l'arrivée des saumons d'élevage que l'on consomme aujourd'hui sans savoir d'où ils viennent. Saumons de l'Atlantique, élevés dans le Pacifique, la Baie de Fundy, en Norvège, au Chili. Saumons du Pacifique qui ne portent jamais le nom de leur espèce (il y en a pourtant cinq). La découverte des mactres de Stimpson, les pâtes aux palourdes, les touladis de la rivière George tout au nord; les bouchées de baleine, sur le marché de poissons de Bergen, en Norvège; les «nouveaux» poissons d'élevage: pangasius, tilapia... et toutes ces interrogations sur la surpêche, les marchés, le commerce, les échanges. Le sentiment de vivre une étape charnière : le passage de la capture à l'élevage. Plus de dix mille ans après la domestication des animaux, celle des poissons, à grande échelle. Et les sushis... les sushis... les sushis.

Et un grand fleuve, ses marées, ses matins, offrant à l'année sa beauté. Un fleuve à la vie bouleversée, qui se fait avare de poissons à manger.

Le phénomène sushi : japonais ? mondial ?

Le vrai sashimi ne se croque pas plus qu'il ne fond sur la langue. Il invite à une mastication lente et souple, qui n'a pas pour fin de faire changer l'aliment de nature mais seulement d'en savourer l'aérienne moelleuse. Oui, la moelleuse : ni mollesse ni moelleux ; le sashimi, poussière de velours aux confins de la soie, emporte un peu des deux et, dans l'alchimie extraordinaire de son essence vaporeuse, conserve une densité laiteuse que les nuages n'ont pas.

Muriel Barbery[22]

Quel savoureux exemple de mondialisation ! Quelle démonstration de notre attrait pour la nouveauté et l'exotisme ! Dans les années 1980, quelques rares restaurants japonais proposaient sushis et sashimis. La mode était à ces cuisiniers qui faisaient tournoyer des pièces de viande sous le regard de la clientèle. Peu amateurs de poisson, encore moins de poisson cru, nous partions de loin. Aujourd'hui, la plupart des comptoirs des grands supermarchés proposent des sushis, même les dépanneurs s'y mettent ! Les chaînes de restauration rapide spécialisées dans leur fabrication font de bonnes affaires, on les prépare assez facilement à la maison et le restaurant japonais du quartier où je travaille est bondé tous les midis. Le sushi a la cote et grâce à lui la consommation de poisson remonterait la côte ! Mais quel poisson et à quel prix ?

Limitée au Japon pendant longtemps, la consommation de sushis explose après la Seconde Guerre mondiale, alors que Californiens et Européens de l'Ouest les découvrent et apprennent à les apprécier. Le rouleau californien apparaît pour répondre aux mangeurs qui ne veulent pas voir le noir des algues. La feuille disparaît alors à l'intérieur du sushi.

Cet engouement pour le rouleau californien et pour tous les autres sushis aura un impact jusque dans les grandes plantations fruitières de l'État de Californie et chez les grossistes en poisson. Le marché réclame des avocats pour garnir les sushis ? Du thon à l'année ? On fera en sorte de lui en fournir.

---

22. Barbery, Muriel, *Une gourmandise*, Paris, Gallimard/Folio, 2000, p. 72.

Et comme bien avant lui les mots pizza, spaghetti, sandwich (qui recèlent aussi une histoire passionnante) ont trouvé une place dans le langage alimentaire, le mot sushi va se glisser dans plusieurs langues. Le *Robert historique de la langue française*, après avoir associé le sushi à la culture alimentaire japonaise, indique qu'il est adopté dans la foulée de l'apparition des restaurants japonais en Europe, dans les années 1970.

Ce retour en force du poisson cru (il faut noter que plusieurs poissons des sushis ont été surgelés) survient après que se soient multipliées les découvertes permettant de préserver les aliments. La maîtrise du fumage, du salage, du saumurage, du séchage a représenté d'énormes pas sur le plan alimentaire; la pasteurisation de Louis Pasteur, l'appertisation de Nicolas Appert ont signifié des bonds importants pour la santé publique. Réfrigération et congélation, venues s'ajouter plus tard, ont bonifié l'éventail des moyens de conservation des aliments et facilité leur transport. Au sel, au sucre, aux épices et au vinaigre se sont enfin substitués des agents de conservation synthétiques.

La boîte de thon en conserve que vous achetez peut vivre des années sur les tablettes; les sardines et maquereaux à l'huile tout autant. Une des grandes entreprises de transformation de poisson mettait récemment en marché des darnes de thon en sachets; une mise en conserve différente qui ne contient quasiment pas de liquide. À la maison, vous faites chauffer le poêlon pour saisir la darne, le tour est joué. De nouveaux modes de conservation apparaissent.

Curieux de goûter des aliments nouveaux, nous avons vite accepté les sushis qui s'inscrivent pourtant à l'encontre de tout ce que nous avions connu et expérimenté jusque-là. La fraîcheur absolue, une préparation de dernière minute, une durée de conservation restreinte : rien de l'aliment qui se garde longtemps! En plusieurs lieux sur la planète, c'est le nouveau repas minute. Légumes taillés en allumettes, morceaux de fruits, poissons crus, bons gras, etc. Conséquence : leur popularité crée une pression énorme sur certains stocks de poissons. Au fond, ce ne sont pas les sushis qui posent problème, c'est que nous sommes très nombreux à les apprécier!

Quand on y réfléchit, une bouchée de sushi ne goûte pas que la mer et ses poissons; elle recèle la dextérité d'un cuisinier qui n'a besoin que de gants (une autre règle d'hygiène), d'une surface de travail lisse et d'un couteau. Les créer exige de la délicatesse et de l'imagination; les assembler, des ingrédients de première qualité, une chaîne de froid irréprochable, une hygiène de tous les instants.

Observons le mangeur attendre la surprise, observer la beauté de l'assiette, les couleurs et les saveurs qui s'annoncent. Celle des poissons gras qui fondent littéralement dans la bouche ; le poisson frais des sashimis qui caresse le palais alors que les grains de riz s'échappent sous la langue ; le chaud-froid du tempura : contraste de températures entre la panure tiède, les algues, le riz et poisson frais ; le piquant dissimulé au cœur de la pièce ; l'algue ré-humidifiée au contact du riz ; le fumé, le vinaigré. En manipulant ses baguettes, il s'isole le temps d'un repas. Pour goûter, se régaler, se nourrir. Oubliant que dans son assiette se trouve une représentation du monde et de ses règles de commerce.

Allons voir ce qui se trame sous l'assiette : d'abord de multiples transactions survenues depuis la capture du poisson. Les premiers contacts ont lieu en mer alors que du bateau, on prévient les acheteurs potentiels du succès de pêche. De toutes les espèces, c'est la capture du thon rouge qui crée le plus d'émoi. Se met alors en branle un ballet, savamment orchestré. D'acheteur en courtier, de courtier en grossiste, puis de grossiste en distributeur, le poisson va se frayer un chemin jusqu'aux baguettes. Il aura connu le bateau, le camion et l'avion. Un système complexe, rodé, qui témoigne à la fois de la vigueur de la demande et de l'efficacité des systèmes de communication modernes.

En poussant plus loin l'analyse, notre même sushi contiendrait aussi la saveur des activités de transformation et d'élevage de poisson. On fume la chair des anguilles, on écrase les crevettes de manière à leur donner cette forme de papillon. Un sushi porte aussi la trace des lieux où on cultive le riz, l'odeur des bords de mer et de l'algue nori, celle du soya dont on tirera la sauce. Minéraux, iode, céréale, vitamines.

Mais une bouchée de sushi peut aussi cacher la surpêche, le braconnage, la difficile gestion des stocks de poisson de la planète. Elle cache des contaminants, résidus de toutes ces substances toxiques accumulées dans la chair des grands prédateurs comme le thon rouge. S'y cache également la pollution occasionnée par les élevages et, au bilan planétaire, s'ajoutent quelques tonnes d'émissions de gaz à effet de serre.

Morue, saumon Atlantique et thon : fragiles survivants des grandes pêches

Les thons sont grégaires et tendent à se regrouper par taille : plus ils sont petits, plus les bancs seront populeux. À l'inverse, les Géants voyagent souvent en solo. Ce sont d'excellents nageurs et ils effectuent, d'une saison à l'autre, d'inimaginables migrations : ils passent l'été sous le cercle arctique, se réfugient dans les eaux tropicales pour l'hiver, traversent d'un hémisphère à l'autre aussi aisément que nous changeons de quartier.

Nicolas Dickner[23]

Des fouilles archéologiques montrent qu'on pêchait le thon dans le bassin de la Méditerranée dès le septième millénaire avant l'ère chrétienne. Aristote avait même élaboré sa théorie migratoire. Pendant toutes les années au cours desquelles la pêche artisanale a perduré, les stocks étaient peu menacés. La situation s'est détériorée avec le remplacement des techniques artisanales et l'industrialisation du secteur. La réfrigération et la gourmandise d'un marché mondialisé ont fait le reste.

À la fin du XIXe siècle, les thons n'apparaissent pas encore sur la liste des débarquements au Canada. Fait intéressant, l'Île-du-Prince-Édouard accueille chaque année un tournoi international de pêche sportive au thon. Les bateaux quittent le village de North Lake, situé le plus à l'est, sur la côte nord de l'île. Les pêcheurs, jumelés à un capitaine, tentent leur chance pendant trois jours. Les poissons qu'ils rapportent sont vite vendus au Japon. Records de captures? Pour les femmes, en 1978, un spécimen de 532 kilos; pour les hommes, 680 kilos, une année plus tard. L'exploit de 1978 enregistré par une Montréalaise n'a pas été battu; pas plus que celui de 1979.

La pêche est soumise à un système de quotas (une limite annuelle de prises établie après examen de l'état de la population). De notre côté de l'Atlantique, les captures autorisées sont de moins de mille tonnes et on reconnaît que la gestion nord-américaine des stocks est sévère. De l'autre, les prises sont beaucoup plus importantes, en particulier en Méditerranée où se concentrent près de 90 % des stocks restants. Si la diminution des quotas engagée sur le plan international mérite d'être soulignée, elle n'est pas suffisante pour certains scientifiques et les représentants des ONG déterminés à sauver les thons rouges qui restent.

---

23. Dickner, Nicolas, *Nikolski*, Québec, Éditions Alto, 2005, p. 97.

En 2007, on estime que le total de captures légales et illégales a atteint 61 000 tonnes. Les captures autorisées en 2009 seront de 22 000 tonnes et ce chiffre ira en diminuant avec les années. Mais ces diminutions ne suffiront pas à empêcher le pire. La population n'atteindrait que 10 % de ce qu'elle représentait en 1960 et certains pensent que dans cinq ans, il n'y aura plus de thons rouges à pêcher. Les prévisions les plus pessimistes s'étaient, jusqu'à maintenant, déployées sur un horizon de 20 ans.

Aujourd'hui, les ONG, dont Greenpeace, souhaitent le faire inscrire sur la liste des espèces menacées avec, pour conséquence, l'interdiction de le commercialiser. En mer, les militants appliquent des tactiques semblables à celles utilisées pour freiner l'appétit des baleiniers. Sur terre, quelques gestes d'éclat ont retenu l'attention de la presse et on suggère aux consommateurs de faire pression sur les grandes chaînes alimentaires qui continuent d'offrir du thon rouge dans leurs comptoirs. Le thon a trouvé plusieurs défenseurs, les cris d'alarme se multiplient, de l'autre côté de l'Atlantique en particulier. Trop peu, trop tard? On peut s'en inquiéter.

Parmi toutes ces espèces de thons, on trouve le géant, le recherché, le couru. Celui qui atteint sur les marchés des prix records (jusqu'à 173 000 $US récemment), c'est le thon rouge (*bluefin*). C'est lui qui génère une frénésie démesurée à la bourse Tsukiji, à Tokyo, là où s'échangent les plus beaux spécimens contre d'énormes sommes d'argent. Charles Clover, auteur de *The End of the Line*[24], après avoir vu ce marché, imagine une vente de rhinocéros pour établir un parallèle avec les mammifères terrestres.

En mer, ces grands prédateurs qui peuvent vivre 40 ans, n'intéressent que les requins et les orques (et les humains)! Heureusement, leur sort préoccupe les scientifiques qui les suivent après leur avoir implanté des systèmes électroniques de détection. Les révélations sont fascinantes.

En 2008, les chercheurs des universités Dalhousie (en Nouvelle-Écosse), de l'université Stanford et ceux de l'Aquarium Monterey Bay, deux institutions situées en Californie, annonçaient fièrement le marquage d'un millième thon. Grâce à la collaboration des pêcheurs de l'Île-du-Prince-Édouard et de

---

24. Clover, Charles, *The End of the Line: How Overfishing is Changing the World and What We Eat*, New York, The New Press, 2006.

UN THON ROUGE À NORTH RUSTICO

La fin d'après-midi se bâtit comme dans un film ; rien ne vient perturber le rythme de la petite communauté de North Rustico, sur la côte nord de l'Île-du-Prince-Édouard. Rien, sinon la vie habituelle de l'été, ponctuée par la présence des touristes. Nous faisons les courses. Arrêt chez le marchand de poisson avec, à la fin de la visite, une question toute simple : « La pêche au thon rouge est-elle commencée ? » La réponse, instantanée, montre que les nouvelles vont vite ! « Oui, depuis quelques jours et nous attendons un bateau qui rentre avec un thon. Quand ? Dans 20, 60 minutes ou deux heures, je ne le sais pas, mais il s'en vient. » Nous décidons d'attendre.

Sur le quai, les pêcheurs de homard radoubent casiers et bateaux. Ils ont eu vent de la nouvelle. La patience nous apprend qu'on a rapporté jusqu'alors une dizaine de thons et que celui qui s'annonce a été pêché par « une » capitaine qui vient tout juste d'obtenir son permis. Le quota de l'île, en 2008, est établi à 150 tonnes.

On nous a dit de surveiller le camion blanc qui précède l'entrée du bateau dans le havre. Il arrive, enfin, pour décharger deux boîtes de plastique. La première servira plus tard à plonger le thon dans la glace pilée ; l'autre contient les outils de dépeçage : égoïne, scie à chaîne, couteaux affûtés. Villageois, touristes, officiels du gouvernement se rassemblent.

Le *I'll tell you what* arrive. La manœuvre est délicate : accroché à la poupe du bateau, le thon ne doit surtout pas se décrocher et couler. On le fixe solidement à un câble et on le hisse à l'aide d'un treuil. Photos de circonstance, sourires de cette capitaine subitement populaire. Elle retourne à bord de son bateau.

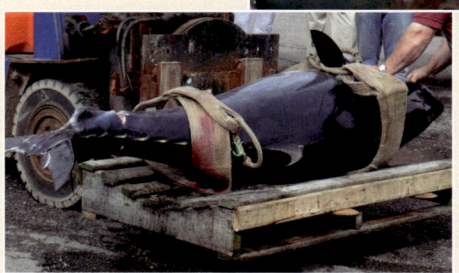

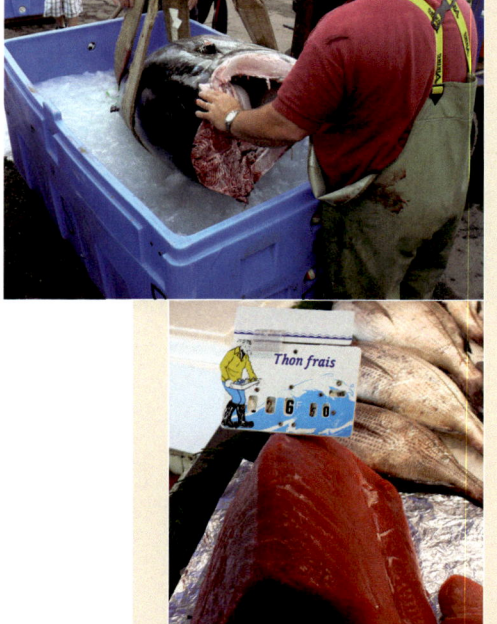

287 kilos, 2 mètres 60. La préparation commence. Pour trancher la queue, l'égoïne suffira. Pour la tête, la scie à chaîne. Vidé, saigné et nettoyé, il pèse maintenant 222 kilos. Les enfants le touchent, impressionnés par la taille, l'odeur, la scène… on dirait même qu'ils s'attendent à le voir bouger encore un peu. Finalement plongé dans la glace, il prend la route d'une coopérative de pêcheurs pour être mis à l'encan dès le lendemain matin. La vente conclue, on le chargera à bord d'un avion-cargo. Destination : le Japon.

C'est plus qu'une histoire de vacances, c'est le sentiment d'être témoin ce qui disparaît. Si les grands thons s'éteignent, on ne verra plus des villages entiers se masser sur les quais, pour souligner leur arrivée.

la Nouvelle-Écosse, ils suivent, depuis 1996, la migration et le comportement de centaines de poissons. La technologie de pointe permet l'enregistrement des heures de lever et de coucher du soleil (une information qui permet de déterminer la position du poisson), la profondeur, la température de l'eau comme celle du corps de l'animal. Un site Internet[25] rend l'information accessible au grand public depuis 2004.

À travers l'exemple du thon rouge, nous avons un portrait de cette pêche mondialisée et l'illustration d'une relative facilité à contourner les règles. Qu'une quarantaine de pays s'intéressent à ces masses de muscles qui peuvent traverser

---

25. www.tagagiant.org

l'Atlantique en vingt jours, voyager du Golfe du Mexique à Terre-Neuve et aller aussi loin qu'en Méditerranée, n'annonce rien de bon. Constater qu'autant de pêcheurs et d'entreprises lorgnent la chair de ce grand prédateur qui, de sa naissance à sa mort, nagera pour maintenir sa température corporelle dans des eaux dont la température varie de 1 à 31 °C, qui peut plonger jusqu'à 1 000 mètres pour se nourrir, inquiète. On craint pour la survie d'une des merveilles de la mer, de sa parenté du Pacifique et de quelques autres de son espèce.

Dans ce dédale de quotas, d'ententes internationales, de règles de pêche et de contrôle du braconnage, le marché des sushis sert à illustrer la pression sur les stocks. Selon l'Institut Français de Recherche pour l'Exploitation de la Mer (IFREMER), 60 % des prises de thon rouge de la flottille française sont destinées au marché du sushi-sashimi.

Il semble qu'il appartienne à tout le monde. Et trop souvent, ce qui appartient à tout le monde, n'appartient à personne.

Le commerce du poisson, plus ancien que l'établissement des Européens en terre d'Amérique

Je donnerai jusqu'à mon ombre
Pour apaiser mon envie si féroce
Je t'attendrai pour cette noce
En haut des passes dangereuses
Sur ton lit de pierre
Je m'en irai défaire
mon armure de soie et de lumière
Belle orageuse
Oh ma sœur, qu'il est doux
Le fil de l'eau tendu...

Richard Desjardins et Michel X Côté[26]

Bien avant l'établissement des Européens en terre d'Amérique, des pêcheurs intrépides y faisaient le commerce du poisson. Quand, au retour de son voyage de 1497 John Cabot rentre en Angleterre, il rapporte avoir vu les Basques pêcher la morue tout à l'ouest de l'Atlantique. Ce qu'il révèle alors n'est rien d'autre qu'une pratique établie ; les Basques connaissaient les lieux et avaient

---

26. Richard Desjardins et Michel X Côté, «Le saumon», dans *Kanasuta*, disque compact, Production Foukinic, FUCD-6.

protégé leur secret. En fait, longtemps avant l'intérêt de la Cour d'Angleterre pour de nouvelles sources d'approvisionnement en poisson et avant même la convoitise de la Cour de France pour les peaux de castors, la morue attirait ici de téméraires pêcheurs en quête de nourriture et de revenus. Sur les côtes du Nord-Ouest de l'Atlantique, ils débarquaient, filetaient, salaient et séchaient le poisson pour le rapporter sur les marchés d'Europe. Plus tard, des chargements de morue ont lesté les cales des bateaux qui retournaient vers l'Europe, pour remplacer les esclaves noirs laissés dans les Antilles.

Mark Kurlansky, auteur américain qui raconte *La fabuleuse histoire de la morue*, commence ainsi son livre : « On raconte qu'un pêcheur médiéval remonta une morue de trois pieds de long, ce qui était assez commun à l'époque. Le fait que le poisson pût parler n'était pas spécialement surprenant. L'étonnant était qu'il utilisât une langue inconnue. Il parlait basque[27]. » Ce conte populaire illustre l'importance de la morue pour les Basques qui, comme plusieurs autres, ont déplacé leur pêche de ce côté de l'Atlantique, à mesure qu'à l'est du même océan, les poissons se faisaient plus rares. Kurlansky nous offre un aperçu historique, alimentaire et social de cette activité qui fait de la morue le poisson le plus connu de l'histoire de l'Occident.

En amont de la création du mot mondialisation, de la concentration des entreprises agroalimentaires, de la Seconde Guerre mondiale qui a marqué la transformation de l'agriculture et de la mise en marché des aliments, il se transigeait des tonnes de poisson sur les marchés internationaux. Entre les années 1875 et 1939 la moyenne des captures est d'un peu moins de 500 000 tonnes. Le record, dans les eaux canadiennes, est atteint en 1968 alors qu'on remonte 1,47 million de tonnes de morues! Les prises redescendent à 400 000 tonnes en 1978. En 2007, les captures enregistrées étaient de 26 590 tonnes.

Depuis quelques années, au moment des rencontres des spécialistes chargés de revoir le statut des espèces fragiles, un exercice mené dans le but d'inclure ou, plus rarement, d'exclure des animaux des listes d'espèces menacées, on débat du sort de *Gadus morhua*, notre morue, la morue franche de l'Atlantique. Aucun des grands stocks (Terre-Neuve-et-Labrador, nord du Golfe et sud du Golfe) ne montre de signe de reprise. La population de Terre-

---

27. Kurlansky, Mark, *La fabuleuse histoire de la morue. Un poisson à la conquête du monde*, Paris, JC Lattès, 1999, p. 29.

Neuve-et-Labrador est désignée «en voie de disparition» par le Comité sur la situation des espèces en péril au Canada (COSEPAC), l'organisme chargé par le gouvernement fédéral de suivre l'évolution des espèces en difficulté. Ses scientifiques revoient, aux cinq ans, le statut des espèces vulnérables.

Cette morue a été l'épine dorsale des communautés côtières du Québec et de tout le Canada Atlantique, la raison de vivre des Terre-Neuviens comme des Gaspésiens. On oublie, en allant jusqu'à Cape Cod au moment des vacances, que c'est la pêche et ce poisson exceptionnel qui ont mis ce lieu sur la carte. La présence des marchands de Jersey et Guernesey a marqué le paysage et l'histoire gaspésienne; leur ambition et leur contrôle de l'ensemble de l'activité économique et de la vie personnelle de leurs employés ont laissé des traces.

À Terre-Neuve, la morue a dicté l'occupation du territoire, forgé la société et la culture. Toutes les fois que j'ai eu le bonheur d'y mettre les pieds, après le raz-de-marée, j'ai eu ce même sentiment de peine, de cicatrice qui met du temps à se refermer. J'y ai perçu un attachement à la mer et à la pêche si profond qu'il ne s'explique pas. Sans doute le résultat de cet héritage, transmis à travers ces générations d'hommes et de femmes qui se sont accrochés à leur île. La morue rythmait la vie de tous les jours, les saisons, garnissait la table et faisait tantôt la fortune, tantôt la misère.

«Mangeux de morue», c'est le surnom longtemps donné aux Gaspésiens; ce que rappelle Sylvain Rivière, le journaliste-poète dans *Gaspésie rebelle et insoumise*. «Fidèle alliée des travaux et des jours sur la tablée gaspésienne, on retrouvait ainsi la morue attifée de plusieurs manières. C'est ainsi que le lundi, on mangeait de la morue fraîche; le mardi, une kiaude à la morue; le mercredi, une cambuse à la morue; le jeudi, des joues de morue farcies de langues, de foies et de noves; le vendredi maigre ramenait la morue sur la table, cette fois sous forme de têtes tout simplement, ou encore de la morue salée avec des gratins de petit lard, question bien sûr d'expier les péchés que l'on avait rarement le temps et la force de faire, de toute façon…[28]»

Encore récemment, dans une usine de transformation de poisson de fond, j'ai revu cette photo saisissante. En noir et blanc, elle montre un pêcheur qui tient une capture record: une morue de taille humaine. Il est écrit: *In cod we trust*.

---

28. Rivière, Sylvain, *Gaspésie rebelle et insoumise*, Montréal, Lanctôt éditeur, 2000, p. 70-71.

Quatre mots pour décrire ce que représente la pêche pour les communautés. «Nous croyons en la morue.» Sur elle repose notre subsistance, c'est d'elle que dépend notre capacité de nous nourrir et de nourrir les nôtres.

De la pêche artisanale à l'industrielle, des doris pleins à ras bord de poissons, aux cales géantes tout aussi chargées: entre 1500 et 1800, les eaux de Terre-Neuve remplies de morue auraient attiré par dizaines de milliers les pêcheurs et les bateaux. Un chant de sirènes interrompu brutalement en 1992, au moment où le premier moratoire sur le poisson de fond, imposé par le gouvernement fédéral, vient mettre un terme à une activité séculaire et à une des plus grandes pêches du monde.

Je garde en mémoire le regard d'Edgar Samson, pêcheur, fils, petit-fils, arrière-petit-fils de pêcheur de l'Isle Madame, au Cap Breton, en Nouvelle-Écosse. Quinze ans ont passé depuis qu'il a cessé de pêcher. Il se rappelle d'une de ses dernières sorties en mer, en 1992, comme s'il venait de la vivre. Quand je lui demande de me décrire ce jour, il explique: «On a mis à l'eau 5000 hameçons… On a remonté 20 poissons… 20 poissons!» Dans son regard bleu comme la mer par beau temps, il y a la certitude que c'est plus qu'un mauvais jour de pêche; c'est le signal qu'une époque, la sienne et celle de ces ancêtres, est révolue. Pour toujours.

Il est utopique d'affirmer que la pêche artisanale n'aurait eu aucun effet sur les stocks. Il est romantique de croire que la petite pêche aurait tout préservé. Mais il est permis de penser que même par milliers, de petits pêcheurs quittant la rive au lever du soleil pour rentrer à la tombée de la nuit n'auraient pu vider la mer comme l'ont fait et le font encore les navires usines. Même par milliers, avec de petits engins, la capture aurait été plus ciblée; les pêches accidentelles moins destructrices. Plusieurs scientifiques l'affirment aujourd'hui. Faire la différence entre la pêche côtière, artisanale et la pêche industrielle, c'est faire la différence entre l'agriculture paysanne et raisonnée et les pratiques intensives de l'agriculture industrielle.

Comme en agriculture, c'est au moment où la motorisation et la réfrigération font leur apparition en mer que tout va changer. Les pêcheurs peuvent alors se permettre d'aller plus loin, de pêcher plus, plus longtemps puisque leur poisson se conserve grâce à la glace et aux installations réfrigérées. Ce qu'expliquent Daniel Pauly et Jay Maclean dans *In a Perfect Ocean*, c'est que la Seconde

À Percé, on se prépare à retourner chercher le homard.

Guerre mondiale laisse des innovations techniques dans son sillage : radars, équipement acoustique pour trouver le poisson, filets synthétiques, chalutiers qui pêchent à mi-profondeur, etc. Au milieu du XXe siècle, on capture chaque année 20 millions de tonnes de poisson ; la population atteint alors deux milliards et demi de personnes ; aujourd'hui, on pêche cinq fois plus. On va chercher le poisson là où il se trouve plutôt que de tenter de deviner sa présence pour le capturer quand il passe. Il est traqué.

Quand s'accélère cette course à l'efficacité, la Gaspésie serait une des régions laissées-pour-compte, selon le journaliste-essayiste Jacques Keable : « C'est ainsi que, dans le golfe du Saint-Laurent, et parfois même à portée de vue des pêcheurs gaspésiens frustrés, les Américains et les Européens s'amenaient avec de gros bateaux, à moteur, munis de grandes seines. Avec de la glace plein les cales! Et de l'arrogance à revendre! Triste et tragique ironie : ce poisson pêché par les Américains était conservé au frais dans les cales, transporté aux États-Unis, préparé puis ramené et vendu, toujours frais à… Québec, Montréal, Toronto, marquant ainsi le début de la fin de la morue salée-séchée de la Gaspésie qu'au fil des ans les consommateurs allaient délaisser, lui préférant le poisson frais et, bientôt, congelé[29] ».

---
29. Keable, Jacques, *La révolte des pêcheurs, l'année 1909 en Gaspésie*, Montréal, Lanctôt éditeur, 1996, p. 48.

Pour contrer cette concurrence étrangère qui ne s'exerce pas qu'en Gaspésie, le gouvernement fédéral va subventionner le transport ferroviaire, mais ce sont les poissons pêchés par les flottilles de Nouvelle-Écosse qui atteindront les marchés montréalais; le train ne desservira Gaspé que plus tard. Aujourd'hui, la morue salée-séchée qu'on apprête encore un peu dans les usines de la Gaspésie et de la Nouvelle-Écosse fait les délices de plusieurs mangeurs. On en voit un peu dans certains commerces spécialisés, dont les épiceries italiennes, et, assez régulièrement, dans les marchés publics européens. Acras, baccalao, baccalau, baccalà, brandade apparaissent là-bas sur les menus des restaurants.

Dans la région du golfe du Saint-Laurent, ne subsiste qu'une faible pêche commerciale. On remonte moins de 10 000 tonnes de poisson par année; c'était dix fois plus en 1983. Les poissons obtenus sont le résultat de pêches sentinelles et exploratoires qui permettent aux scientifiques et aux pêcheurs d'évaluer les stocks, l'âge des poissons et leurs déplacements. La méthode est toujours la même: une première flottille quitte les quais de la Gaspésie et de Terre-Neuve à la fin de juin pour se diriger sur des lieux précis où on descend, tout au fond, un grand filet dans lequel s'engouffrent les poissons. Ce qu'ils pêchent est étudié, pesé, et les résultats sont comparés à ceux obtenus au cours des années précédentes. C'est ainsi que l'on obtient ce portrait qui ne semble pas indiquer de reprise importante.

La morue tarde à revenir. Avons-nous attendu trop longtemps avant de mettre un terme à la pêche? Il semble que oui. Des changements survenus dans l'environnement, comme la modification de la température de l'eau, ont-ils ajouté au problème? Fort probablement. L'explosion des populations de phoques gris et du Groenland a-t-elle compliqué les choses? Oui. Comme pour les populations de thons rouges, les stocks se retrouvent à moins de 10% de leur situation d'avant 1960. Bien sûr, on ne peut compter les morues une à une comme on le fait avec le tamarin lion doré ou les léopards des neiges pour s'inquiéter des derniers individus qui restent. Ce qui s'est effacé, c'est un océan dans lequel grouillaient des milliards d'individus et ce qui disparaît, c'est une des plus grandes pêches du monde.

À l'étranger, ici, dans les milieux scientifiques comme chez les groupes de défense de l'environnement, la morue de l'Atlantique sert d'exemple pour illustrer ce qu'il ne faut pas faire. Elle permet de comprendre la difficile gestion des stocks, le contrôle des activités de pêche en eaux internationales, la fragilité socioéconomique des communautés côtières (près de 40 000 pêcheurs et travailleurs d'usine se sont retrouvés au chômage à Terre-Neuve dans les années 1990, en raison de l'arrêt de la pêche), le casse-tête du tri (on ne remonte pas qu'une seule espèce à la fois). C'est 400 ans de pêche anéantis en 40 ans et un triste horizon de quarante ans avant de voir disparaître le stock du sud du golfe du Saint-Laurent.

Et nous avons tendance à oublier qu'avant qu'un moratoire ne vienne mettre un terme aux captures massives de morue et de poisson de fond, la pêche commerciale au saumon atlantique avait connu le même sort. À partir de 1960, le gouvernement du Québec cessait la pêche à l'île d'Anticosti, puis, de fermetures en courtes réouvertures, il l'interdisait partout en 2000. De telles interdictions s'appliquent ailleurs dans son aire de distribution, en Atlantique Nord. Le saumon atlantique sauvage n'est plus une espèce commerciale. Dans toutes ces eaux où il a, lui aussi marqué l'imaginaire, il se fait rare et les organisations de pêche sportive, comme des fédérations spécialisées, tentent par tous les moyens de le ramener.

En roulant vers l'Est du Québec, sur la rive nord comme sur la rive sud, vous pouvez voir en traversant les cours d'eau que les rivières à saumon sont bien identifiées. 117 sont répertoriées ; plusieurs coulent en territoire nordique. On connaît, pour la majorité d'entre elles, le nombre de captures rapportées, les jours de pêche enregistrés, de même que les succès de captures. Cependant, sur plusieurs de ces cours d'eau, une règle s'applique ; le saumonier rend le poisson à sa rivière pour qu'il puisse s'y reproduire. Une femelle adulte de quatre kilos et demi pond en moyenne 1 800 œufs ; seulement quatre poissons reviendront, quelques années plus tard, à leurs origines.

Depuis les années 1970, l'élevage de cette même espèce a connu une progression fulgurante. Quand vous achetez du saumon atlantique, vous achetez un poisson d'élevage qui a grandi autant à l'est qu'à l'ouest des Amériques : Baie de Fundy, côte de la Colombie-Britannique, Chili, Norvège, Écosse… Une espèce indigène de l'océan Atlantique qui grossit dans un autre océan et qui vient perturber l'écosystème et les espèces indigènes qui l'habitent. Allez en Europe, voyagez aux États-Unis et le même poisson vous sera offert.

Un jour, si vous avez la chance de consommer du saumon sauvage, si vos amis pêcheurs poussent la gentillesse jusqu'à vous inviter à leur table, prenez le temps de le déguster, prenez la peine de goûter sa chair ferme, moins grasse, moins pigmentée que celle du poisson d'élevage. Pensez un instant à ce fantastique poisson qui revient dans la rivière où il est né pour s'y reproduire et qui, d'instinct, la reconnaît parmi des dizaines d'autres.

Imaginez un instant ce poisson magnifique qui jeûne pendant des jours, saute et franchit des obstacles incroyables pour arriver sur sa frayère. *Salmo salar*, une autre espèce fascinante, placée sur la liste des espèces menacées au nord-est des États-Unis où sa situation est encore plus problématique que celle des poissons qui remontent les rivières de l'Est du Canada.

Arrêtez-vous au bord des rivières dans lesquelles les pêcheurs sportifs s'adonnent à ce qui s'apparente généralement plus à la passion qu'au passe-temps. Regardez-les deviner la rivière pour percevoir ce qui se passe dans ses courants. Surveillez le geste, admirez la grâce de ceux qui vont poser la mouche pour agacer et leurrer leur proie. Sur le pont qui surplombe la rivière Matane, en plein cœur de la ville, on assiste en direct au spectacle de la remontée des saumons et aux duels qui s'engagent entre les humains et les grands poissons. La force, la grâce, la finesse réunies au-dessous comme au-dessus de l'eau.

À cette morue et à ce saumon mal en point s'ajoutent l'esturgeon et combien d'autres espèces! Consulter les listes de débarquements de la fin du XIXe siècle laisse sans voix. D'abord, on calcule les prises en tonnes, en douzaines, à la pièce, en livres, en gallons, en boîtes, etc., chacune est traitée différemment. Puis, les listes témoignent d'une extraordinaire diversité. Enfin, les nombres nous renversent.

En 1880, on pêchait 29 000 bars dans le Saint-Laurent (une pêche qui a marqué l'histoire de la région de Québec); 407 647 tonnes d'anguilles au Québec, un tonnage encore plus élevé en Nouvelle-Écosse; 125 552 tonnes de hareng au Nouveau-Brunswick seulement; on a mis en conserve 737 551 livres de homard et on a placé sur la glace 1 329 383 livres de saumon frais pour assurer sa qualité avant de l'expédier plus au sud où se concentrent les acheteurs.

On pêche le gaspareau dans les Maritimes et l'achigan un peu partout; on extrait l'huile de morue; on fait de ce même poisson des engrais; on détaille joues, langues et noues (les viscères) de morues et de merlus; on pêche des ciscos (des harengs de lacs, placés sur la liste des espèces susceptibles d'être désignées menacées au Québec), on se régale d'alose. On chasse le béluga pour son huile. La perchaude, comme toutes les espèces du lac Saint-Louis et du lac Saint-Pierre, des milieux extrêmement riches sur le plan de la biodiversité, garnissent les tables et assurent de bons revenus aux pêcheurs.

Le Saint-Laurent, son estuaire et son golfe regorgent d'espèces halieutiques. Bon nombre d'entre elles ne supporteront pas autant de stress environnementaux et de prédation.

Aujourd'hui, dans le sillon de tous ces bouleversements créés par ces pêches et ces chasses intensives, l'industrialisation du bassin des Grands Lacs, le dragage de la voie maritime du Saint-Laurent, les aménagements d'Expo 67, la construction de barrages hydroélectriques et la perte de milliers d'hectares de milieux humides, la plupart des populations des poissons du Saint-Laurent sont en mauvais état.

Quelques espèces permettent d'espérer; le bar rayé en est une. Depuis 2002, il fait l'objet d'une campagne de réintroduction. Des alevins sont capturés dans la rivière Miramichi, au Nouveau-Brunswick et relâchés, chaque printemps, du lac Saint-Pierre à Rivière-du-Loup, dans le Saint-Laurent. L'espèce québécoise a été officiellement classée disparue en 1996, 36 ans après l'effondrement du stock.

Les pêcheurs ligneurs bretons s'engagent à respecter un cahier des charges.

La surexploitation par la pêche serait un des éléments responsables de cette disparition. La pêche commerciale, la pêche sportive, la destruction d'habitats ont eu raison de lui. Les milliers de poissons qu'on redonne au fleuve survivront-ils? L'objectif du ministère québécois des Richesses naturelles et de la Faune, de concert avec la Fondation héritage faune, est de déverser, chaque automne et pendant dix ans, 50 000 jeunes bars. Le programme actuel mise sur la participation des pêcheurs amateurs qui sont invités à le remettre à l'eau quand ils capturent un bar accidentellement; on leur demande aussi de rapporter leurs observations.

L'anguille est une autre espèce en difficulté. Même si, avant les grandes marées d'automne, on voit encore surgir dans le Saint-Laurent des pêches à fascines, l'ère des grandes captures semble terminée. L'anguille d'Amérique, l'espèce la plus abondante du Saint-Laurent pendant longtemps, le poisson qui possédait l'aire de répartition la plus étendue dans l'hémisphère occidental, est maintenant susceptible d'être désignée menacée ou vulnérable.

Pendant des décennies dans le Bas-Saint-Laurent, la pêche à l'anguille a représenté plus qu'un revenu d'appoint pour plusieurs fermiers. Des milliers de dollars ont rempli les coffres, au hasard d'une marée ou plutôt de ces tempêtes de vent de nord-est qui ramènent les poissons vers la rive. Déterminés à retourner vers le large, les poissons se butent contre cette longue clôture pour entrer dans ces casiers d'où il leur sera impossible de sortir. Il suffit alors de les récupérer à marée basse. Entre 1950 et 1980, on a pêché en moyenne, 400 tonnes d'anguille annuellement. Les débarquements (les captures) n'atteignent pas 50 tonnes ces années-ci.

Quelles sont les raisons de l'effondrement des stocks d'anguille? Elles sont nombreuses, cette fois encore. La pêche, les contaminants, et la réduction importante de son aire de distribution, notamment en raison des obstacles que représentent les barrages, représentent les principales causes identifiées par les spécialistes. Son espace vital, ce que les spécialistes appellent l'aire de distribution, s'est réduit de moitié dans le Saint-Laurent.

De la même manière, on pourrait décrire des esturgeons immenses, la chair de l'alose, les platées d'éperlans, les tonnes de perchaudes. Plus difficile toutefois de raconter le plaisir de les manger, les marchés de poissons, les poissonniers. Nous n'avons pas véritablement appris à apprécier la finesse de la chair des poissons. L'édition de 1926 de la *Cuisine raisonnée*, le livre qui a formé toutes les ménagères du début du XXe siècle, passe rapidement en revue les espèces comestibles. Pour 30 pages de recettes de poisson, mollusques et crustacés, on compte 142 pages de bonbons, gâteaux, biscuits, entremets... et desserts de toutes sortes! Plus d'intérêt pour le sucre que les recettes de matelote!

Ces exemples illustrent la situation québécoise. Chez les Acadiens du Nouveau-Brunswick, en Nouvelle-Écosse et dans l'Atlantique en général, les choses se ressemblent. Et si, au Québec comme sur toute la côte est de l'océan Atlantique, les statistiques montrent actuellement des revenus records

POUR QUE SURVIVE L'ANGUILLE (ET LA PÊCHE)

Tous les automnes, Georges-Henri Lizotte se demande s'il retournera, une autre fois, tendre ses pêches à Rivière-Ouelle. Lui qui a vu son père ramener à la ferme jusqu'à 25 000 livres d'anguille en une seule saison, qui sait que le record familial a été de 40 000 livres, perd ses illusions, une marée après l'autre.

« L'anguille, c'était la manne d'automne, la dernière pêche de l'année. Quand les travaux de la terre étaient achevés, on pêchait. Toutes les familles de la côte avaient un bout de pêche. Dans ma famille on la salait « ronde »; l'anguille était déposée vivante dans un tonneau empli de sel où elle mourait. Pour la manger, on n'avait qu'à la dessaler et la cuire. On pêchait aussi des éperlans, de la sardine, du hareng, des aloses, des esturgeons. »

La bataille que mène aujourd'hui Georges-Henri Lizotte vise à ramener l'anguille dans le fleuve. Cet agriculteur à la retraite a été au cœur des projets d'ensemencement du lac Champlain; il a suivi les manœuvres de transport qui évitent aux anguilles le passage dans les turbines des centrales hydroélectriques (on les déplace dans des citernes). Il collabore avec les scientifiques. « Je suis un baromètre du fleuve, je prends la température du fleuve. J'apprends d'eux comme ils apprennent de moi », dit-il.

S'il tend encore ses pêches aujourd'hui, c'est sans doute pour garder la main, pour y emmener quelques curieux et pour espérer que les travaux d'assainissement, les mesures correctrices, les ensemencements donneront des résultats, pour le Saint-Laurent et les pêcheurs qui suivront.

(en raison de la forte valeur des crustacés sur les marchés), il est indéniable que nous avons perdu en diversité. On pêche à la fois moins et plus… On obtient plus d'argent pour moins d'espèces. Et, pour une grande part, les poissons, mollusques et crustacés que nous pêchons prennent la route des États-Unis.

Sur la planète, les poissons demeurent les dernières espèces sauvages que nous consommons en grande quantité. Et nous marchons sur un fil. Aujourd'hui, on considère que la moitié des stocks sont exploités au maximum, que le quart sont surexploités, épuisés ou en cours de récupération et 21 %, modérément exploités. Qu'est-ce qui reste? Un faible pourcentage de stocks sous-exploités (fort probablement parce qu'inaccessibles ou qu'ils n'offrent aucun intérêt commercial). Qu'est-ce que ça veut dire? Que les captures sont si importantes, le contrôle si difficile à exercer que nous sommes en voie de dévaliser la mer. Les forêts giboyeuses ne se voient que dans les films d'animation; en sera-t-il bientôt de même pour les mers?

Brian Halweil, auteur d'une étude publiée pour le compte de l'Institut Worldwatch en 2006 et co-auteur du chapitre sur la viande et le poisson dans *L'état de la planète 2008*, publié par ce même centre de recherche indépendant sur l'environnement, note que sur les 30 000 espèces de poissons et fruits de mer connues, seulement 1 000 sont consommées par les humains et «qu'une toute petite partie de ces poissons représente la grande part des captures. Quatre espèces: la goberge de l'Alaska, l'anchois du Pérou, le thon rouge de l'Atlantique et le chinchard du Chili, représentent à elles seules 13 % du volume global des prises[30]». (notre traduction) Quatre espèces qui s'ajoutent à plus de 200 autres. Des poissons d'eau douce, saumâtre, salée, consommés partout sur la planète par les êtres humains, leurs animaux de compagnie et leurs poissons élevés en captivité. Près de 40 % des prises totales sont destinées au marché de l'alimentation animale (en particulier à l'aquaculture) pour la fabrication de farines et d'huiles de poisson. Par nature, le saumon se nourrit de poisson. En captivité, son alimentation ne fait pas exception.

En remontant une centaine de millions de tonnes de poisson par année, en capturant «accidentellement» des espèces à l'aide d'engins qui rendent impossible le tri en mer, en trouvant difficilement des mécanismes internationaux qui permettraient de gérer les populations qui, elles, ne connaissent pas les frontières, nous sommes en voie de vider les océans. La demande augmente, la pression se fait plus forte sur les côtes et la productivité baisse. La taille des poissons diminue. À ce jeu, on trouve de moins en moins de gros poissons, de grands reproducteurs en mer. Restera-t-il des espèces commerciales dans 50 ans? Des études scientifiques affirment que non.

À la différence de ceux qui nous ont précédés, nous aurions les connaissances, des systèmes de communication, d'échange d'information, des modes d'intervention qui nous permettraient de modifier nos méthodes de captures

---

30. Halweil, Brian, *Catch of the Day. Choosing Seafood for Healthier Oceans*, Worldwatch Paper 172, novembre 2006, p. 18.

À essayer chez nous. On en fait maintenant la promotion !

avant qu'il ne soit trop tard, avant qu'il ne reste plus d'espèces comestibles dans la mer et que les écosystèmes soient à jamais bouleversés. Si nous détenons des clés, nous avons surtout l'obligation de penser qu'il n'y a plus de gaspillage possible, que chaque capture doit être ciblée, qu'elle ne doit pas entraîner la mort d'autres espèces, de juvéniles. Même remontés par milliers, même si les captures se calculent en tonnes, plus que jamais, poissons et crustacés sont rares et précieux.

Petit poisson pourrait encore devenir grand !

Ce que les Américains ont réussi à faire avec le saumon sauvage de l'Alaska sert d'exemple. Inquiets de voir décliner les stocks débarqués depuis toujours, ils ont, au milieu du XXe siècle, modifié la taille des bateaux, réduit quotas et captures pour en faire une pêche que plusieurs qualifient maintenant de viable. À preuve : ils ont pêché 25 millions de saumons (toutes espèces confondues) en 1959, 214 millions en 1999.

En mettant un terme à la pêche à la morue alors qu'il était encore possible de la laisser récupérer après des années de surexploitation, les Islandais ont permis à leur industrie de survivre, de faire vivre la pêche et les pêcheurs. Qu'arrivera-t-il avec la nôtre ? Encore tôt pour le dire, bien qu'on pense qu'elle ait pu franchir le point de non-retour. Une chose est quasi certaine : les grandes pêches d'hier ne seront plus.

De plus, nous avons du mal à créer des aires marines protégées, réclamées par plusieurs scientifiques et des groupes de défense de l'environnement. La Société pour la nature et les parcs du Canada (SNAP) les définit ainsi : « Un espace recouvert temporairement ou en permanence d'eau salée ainsi que toute la colonne d'eau, sa flore, sa faune et ses ressources historiques et culturelles, mis en réserve par une loi ou d'autres moyens efficaces pour lui accorder une protection totale ou partielle[31]. »

Ces territoires sont à la mer ce que les parcs sont à la terre. Des lieux où conserver la biodiversité, lui permettre d'évoluer naturellement, en limitant les pressions. Pour Daniel Pauly et Jay Maclean, il faudrait accélérer le processus de protection. « De plus grandes réserves marines, atteignant jusqu'à 20 % de l'océan d'ici 2020, devraient être établies[32]. » (notre traduction) Ils en font un objectif pour que les stocks récupèrent. Après, il sera trop tard. On peut lire sur le site de la SNAP que moins de 1 % du patrimoine marin québécois est protégé.

Ces aires marines protégées sont réclamées partout. En mer du Nord, la proposition récente du WWF, le Fonds mondial pour la nature, suggère d'interdire la pêche en plusieurs endroits, le temps de laisser du temps aux stocks de poisson pour se rétablir. Depuis 100 ans, on estime que les espèces ont décliné dans des proportions allant de 50 % à 98 %. En raclant les fonds marins, le chalut aurait détruit une grande partie de l'habitat naturel. En Europe, dès 1370, on s'inquiétait de cette pratique visant à tout récolter pour trier par la suite. Ce qu'on raconte également, c'est que ce sont les pêcheurs, inquiets de voir disparaître leur gagne-pain, qui ont insisté pour continuer à pêcher.

En mars 2007, l'estuaire de la Musquash, dans la Baie de Fundy au Nouveau- Brunswick, devenait la sixième zone de protection marine (ZPM) au Canada, la première de la province. Selon le ministère fédéral des Pêches et des Océans, elle représente « un des derniers estuaires intacts sur le plan écologique dans une région où la plupart des marais salés ont été transformés par les activités humaines ». Un exemple dans une région où l'écosystème a été particulièrement affecté par les élevages de saumon.

---

31. Voir : www.snapqc.org
32. Pauly, Daniel et Maclean, Jay, *In a Perfect Ocean*, Washington, Island Press, 2003, p. 118.

Quand nous inquiétons-nous des territoires marins? Des espèces marines autres que les mammifères? Aurait-il fallu que la nature dote la morue d'une allure de panda pour qu'elle suscite plus de sympathie? Le fait que le poisson soit considéré comme une denrée de base depuis toujours nous fait-il oublier que la ressource n'est pas inépuisable? Voir les poissons et surtout savoir ce qui se passe en mer nous aiderait-il à nous préoccuper de ce qui s'y déroule?

De temps à autre, l'aménagement de tunnels qui permettent à des tortues ou à des petits mammifères de traverser des autoroutes en toute sécurité fait la manchette; à juste titre, l'avenir des ours polaires suscite l'inquiétude; le sort des orangs-outangs en préoccupe plusieurs. Les poissons, eux, ne semblent pas mériter autant de compassion.

Un soir, à la fin de cet hiver 2008 qui restera gravé dans nos souvenirs de neige, je m'arrête pour attraper un plat de sushis. Il est tard, le restaurant est calme. J'en profite pour parler un peu avec le chef après avoir demandé qu'il n'utilise pas de thon rouge. En pointant dans son comptoir réfrigéré la petite pièce qui s'y trouve, il me dit tout naturellement: «Vous savez, dans peu de temps il n'y en aura plus, ce sera fini.» Il le sait. Il doit gagner sa vie. Le problème, c'est que le thon se trouve facilement dans les comptoirs. Qui d'autres que les États et les organisations mondiales peuvent gérer toutes ces informations? Appliquer le principe de précaution? Pour les consommateurs à qui on dit en même temps qu'il est important de consommer des poissons gras, ça devient de la bouillie pour les chats!

Demain, dans nos assiettes, des poissons bien élevés?

Il y aura bientôt sept milliards d'humains à nourrir. Et deux milliards de personnes s'ajouteront d'ici à 2040. Dans cette optique, la conservation, la protection de la biodiversité, la gestion des stocks de poisson, la progression de l'aquaculture sont un gigantesque casse-tête. Poissons, mollusques et crustacés sont des aliments essentiels, en particulier en Asie. Ils représentent, selon Brian Halweil, 30% de l'apport des protéines pour plus d'un milliard de personnes. La moyenne mondiale est cinq fois moindre.

Jusqu'à tout récemment, on a considéré que la pêche d'espèces sauvages allait combler ces besoins. L'augmentation du nombre d'habitants de la Terre, combinée à l'effondrement de plusieurs stocks de poisson à travers le monde, l'intention pour certains pays d'obtenir leur part du commerce mondial et le besoin de devises ont intensifié la pression sur les espèces sauvages et multiplié les activités d'aquaculture. Certains vont jusqu'à dire qu'aucune production animale n'a vécu à ce jour la même situation. La production de poissons d'élevage augmente de 10% par année depuis le milieu des années 1980. « 2008 marque un tournant historique pour l'aquaculture. C'est la première fois que la production est aussi importante que celle de la pêche », constate Jérôme Lazard, chercheur au CIRAD.

Les prises d'espèces sauvages plafonnent autour de 95 millions de tonnes par année (selon les statistiques 2005 de la FAO); on considère que le plafond est atteint et que la tendance serait plutôt à la baisse. L'aquaculture prend progressivement le relais et connaît une progression fulgurante. Ce sont tous ces poissons d'eau salée, d'eau douce, ces mollusques, ces crustacés et ces algues. Des espèces dites «à chaîne alimentaire courte», comme les carpes et les tilapias et «à chaîne alimentaire longue», comme les poissons carnivores. Pour élever du saumon, engraisser des thons dans des fermes d'élevage, il faut du poisson et beaucoup de poisson, comme cet anchois du Pérou, la première pêche commerciale du monde. Il s'agit d'une des raisons qui expliquent la remise en question constante de ces élevages pour les écologistes et certains scientifiques : manger 1 kilo de saumon d'élevage aujourd'hui, c'est manger de 4 à 5 kilos de poissons sauvages.

Une étude publiée en décembre 2007 et passée presque sous silence à cause de la période des Fêtes dévoilait l'impact des élevages de saumon sur les poissons sauvages. Les chercheurs ont étudié l'embouchure d'une des rivières du nord-ouest de Vancouver, sur la côte de la Colombie-Britannique. Le fort taux de poux du saumon, un parasite qui se multiplie dans les élevages, était anormalement élevé là où passent les jeunes saumons sauvages. Une raison, selon les scientifiques, qui explique le déclin de quelques stocks sauvages (dont le saumon rose), incapables de lutter. Pour d'autres spécialistes, les raisons de la diminution des populations sont plus nombreuses ; la baisse s'expliquant également par les changements climatiques.

Pour restaurer, s'il n'est pas trop tard, les stocks de saumons du Pacifique, on parle d'implanter des élevages en citerne pour qu'il n'y ait pas de contacts et aucun risque que les poissons d'élevage ne s'échappent dans la nature.

Dans la Baie de Fundy, chercheurs et aquaculteurs travaillent à réduire la charge polluante occasionnée par l'aquaculture. La concentration d'un aussi grand nombre de poissons au même endroit libère des quantités impressionnantes d'excréments et des surplus de nourriture. Et les fortes marées de la baie n'ont pas, comme on l'a cru à une époque, le pouvoir de tout lessiver. On parle maintenant d'aquaculture intégrée pour faire un parallèle avec l'agriculture intégrée. On parle aussi de polyélevage, comme on parlerait de cheptel diversifié. La solution imaginée associe plusieurs espèces : les saumons, les moules, les oursins, les concombres de mer, les algues et, tout au fond, des vers marins qui font le ménage. Un écosystème recréé.

ALGUES, OURSINS, HUÎTRES, SAUMONS… DANS LE MÊME BOUILLON !

Thierry Chopin, professeur de biologie marine à l'Université de Saint-Jean, au Nouveau-Brunswick, et président de l'International Seaweed Association, n'était pas peu fier de voir que c'est la description d'un projet d'élevage de la Baie de Fundy qui amorçait le rapport de l'Institut Worldwatch sur l'aquaculture et son avenir. C'est lui qui a imaginé la solution expliquée plus haut en constatant que l'aquaculture produisait des sels nutritifs en excès. Il s'est alors demandé si, en faisant croître des algues à proximité des élevages, on allait améliorer la situation. Puis, en ajoutant des espèces, il a compliqué son système pour obtenir des résultats significatifs. Mais il faudra le rendre encore plus complexe.

Thierry Chopin a bon espoir ; des entreprises sérieuses sont prêtes à investir dans la recherche, à pousser plus loin pour réduire l'impact environnemental de leurs pratiques. Il leur faudra, par la suite, en informer les consommateurs.

Il se réjouit de voir qu'en aquaculture, les choses commencent à changer : « Au début, il y a eu des erreurs. Si on regarde l'agriculture, elle est loin d'être parfaite et on demande aux aquaculteurs de trouver un système parfait, rapidement. Il faut du temps. »

Et le saumon, comme le thon ou encore la morue, sont des prédateurs ; des poissons qui ont besoin de la chair et des huiles d'autres poissons pour s'alimenter. Ce sont des espèces situées au haut de la chaîne alimentaire. Ils seraient à la mer, ce que les carnivores sont aux écosystèmes terrestres. Sous eux, on trouve des espèces qui naissent, se reproduisent et meurent plus rapidement, qui se nourrissent de cette matière végétale de la mer qu'est

Huîtres Raspberry Point avant le nettoyage.

le phytoplancton. Voilà qui permet de dire qu'élever ces espèces comporte moins d'impacts environnementaux… jusqu'à ce que les pratiques d'élevage changent, elles aussi.

Pour qu'un bouvillon atteigne sa taille commerciale, il faut environ un an et demi. Un poulet élevé dans des installations à haute densité, une quarantaine de jours. Un poulet fermier ou labellisé jusqu'à 120. Un saumon? Une année et demie. Un flétan? Jusqu'à cinq ans. Le taux de survie d'un œuf de morue est d'un sur un million. Voilà qui fait dire aux écologistes qu'il vaudrait mieux se concentrer sur les espèces fourragères (à chaîne alimentaire courte), comme les carpes ou les tilapias. Les mollusques sont également à privilégier.

La Chine est devenue le premier importateur de farines de poissons. Après des millénaires d'élevage à petite échelle, selon un modèle s'apparentant à un écosystème, la demande de protéines explose. «La pisciculture chinoise est souvent intégrée à son agriculture, permettant aux fermiers d'utiliser les rejets tels que le lisier de porc ou les déjections des canards pour fertiliser les étangs, stimulant ainsi la croissance des micro-algues dont se nourrissent les poissons. Le polyélevage, qui accroît encore la production des piscicultures d'au moins 50%, est largement répandu en Chine et en Inde[33].» Un cycle quasi parfait, à petite échelle. Un modèle durable. Parce qu'on migre vers la ville, qu'il y a plus de gens à nourrir, que l'alimentation se transforme au rythme du mode de vie, l'aquaculture se transforme, à son tour.

Comme les vaches qui, par nature, sont herbivores, ces carpes chinoises mangent maintenant, par le biais de granulés venus d'ailleurs, d'autres poissons. Si vous consommez de la carpe en Chine, vous pourriez manger en même temps (indirectement, bien sûr) de l'anchois du Pérou. Les carpes, comme les

---

[33]. Brown, Lester, *Le plan B. Pour un pacte écologique mondial*, Paris, Calmann-Lévy/Souffle Court Éditions, 2007, p. 214

tilapias, sont-ils faits pour la vie de carnivore? À l'inverse: truites et saumons vont-ils se contenter d'un régime végétarien? Selon Thierry Chopin, le taux de protéines végétales de leur alimentation serait de plus en plus élevé.

Nous serions donc en train de vivre ce que nos lointains prédécesseurs ont connu: une transformation de nos pratiques alimentaires… du sauvage vers le domestique. Et nos vaches, comme nos poissons d'élevage, consomment soya et maïs. Nous aussi, de toute évidence.

Hormis la chasse au phoque sur la banquise du golfe du Saint-Laurent, on ne trouve pratiquement plus de grandes chasses aux mammifères sur la planète. La majeure partie de l'alimentation des humains est constituée de la chair des animaux élevés en captivité. «Soustraire une population animale sauvage à son mode de vie naturel pour l'épargner, la protéger et la propager en vue de l'exploiter plus commodément et plus intensément, tel est justement le principe du proto-élevage. De génération en génération, cette population se trouve alors soumise à des conditions de vie et de reproduction différentes de celles des populations restées sauvages; ces conditions nouvelles tendent à éliminer certains caractères génétiques, comportementaux et morphologiques et à en sélectionner d'autres, qu'il s'agisse de caractères préexistants dans les populations sauvages d'origine, ou de caractères apparus par mutation pendant le processus de domestication[34].» La définition de la domestication trouvée dans l'*Histoire des agricultures du monde* de Marcel Mazoyer et Laurence Roudart s'applique à toutes ces tentatives de domestication des espèces marines. Nous vivons aujourd'hui des difficultés semblables à celles connues par nos lointains ancêtres pour qui il a sans doute été plus facile de domestiquer les ruminants que les grands carnivores.

Jusqu'à maintenant, cette domestication des espèces, végétales comme animales, a signifié une diminution de la diversité planétaire. À l'échelle mondiale, nous consommons essentiellement trois céréales: le blé, le riz et le maïs, auxquelles s'ajoute la pomme de terre, et autant d'animaux: le porc, l'agneau, le poulet et le bœuf. En sera-t-il de même pour les poissons?

Au début de ce troisième millénaire, une quinzaine d'espèces monopolisent 85% de l'aquaculture mondiale: carpes (pour 8 ou 9 espèces), salmonidés (saumon et truite), anguilles, tilapia, poissons-chats (l'américain et le vietnamien).

---

34. Mazoyer, Marcel et Roudart, Laurence, *Histoire des agricultures du monde*, Paris, Seuil, 1997, p. 94.

Elles connaissent, pour la plupart, une progression impressionnante dans les élevages. L'Asie représente aujourd'hui 92 % de l'aquaculture mondiale. La Chine, à elle seule, 70 %. Actuellement, l'aquaculture est asiatique, tropicale et pratiquée dans les pays en développement. Pas de carpes chinoises dans nos poissonneries, mais du poisson-chat, du pangasius, du tilapia, de la perche du Nil. Des noms, absents de notre vocabulaire alimentaire encore hier, s'y glissent en douce.

Jérôme Lazard, chercheur au CIRAD et coordonnateur du projet Évaluation de la durabilité des systèmes aquacoles (EVAD), m'a offert une magistrale démonstration de l'importance de l'aquaculture dans le monde. À Montpellier, au sud de la France, tout près du port de Sète où on débarque encore de temps à autre des thons rouges, ce chercheur qui a travaillé et vécu en Afrique de même qu'en Asie, explique bien la situation de plusieurs espèces. En particulier celle du pangasius, un poisson-chat sans écailles, doté de moustaches et présenté de plus en plus souvent sur les étals : chair blanche, goût neutre, vendu à bas prix. Un poisson qui offre plusieurs avantages dans ce marché mondial avide d'espèces halieutiques.

L'histoire se mêle à celle du Vietnam. Pendant longtemps, on y a élevé des pangasius, à petite échelle, dans des installations artisanales. Quand Jérôme Lazard arrive dans le delta du Mékong avec d'autres chercheurs, en 1992, le Vietnam sort d'une période difficile. Très vite, le potentiel de développement surgit. Le pays a besoin de devises, les élevages sont déjà structurés, le poisson qu'on élève est indigène, les pisciculteurs organisés, expérimentés et compétents. Le principal frein à l'expansion se trouve alors au tout début du cycle de reproduction des poissons. Jusque-là, les alevins sont prélevés en milieu naturel, à l'extérieur des frontières vietnamiennes, au Cambodge, ce qui représente des risques environnementaux et politiques. Trois ans plus tard, on maîtrise l'ensemble du cycle d'élevage : de la reproduction au conditionnement. Et c'est l'explosion : 50 000 tonnes de pangasius en 1995, 1 million de tonnes en 2007.

Aujourd'hui, 90 % de ces poissons sont destinés aux marchés d'exportation ; ils sont expédiés à bord de conteneurs réfrigérés. Ils quittent le Vietnam apprêtés et congelés, prêts à être consommés à des milliers de kilomètres. Plus de 200 000 Vietnamiens travailleraient dans les installations d'élevage. On en comptait 10 000 au milieu des années 1990. Pour ce chercheur français, le cas du pangasius est une illustration de ce que peut être un projet de développement; d'où la difficulté de trancher au moment de choisir.

Cette maîtrise de la reproduction évite la capture d'alevins en milieu naturel et réduit les prises accidentelles. Le savoir-faire développé pourrait même se transférer à d'autres espèces menacées de surpêche. Voilà un autre avantage. Enfin, l'espèce est indigène. Mais dans quel état se trouve le delta du Mékong avec cette intensification de production et cette matière organique libérée par les poissons? Pour les éleveurs, il est impossible de percevoir le problème, en raison des crues qui lessivent régulièrement les polluants au large. Pour les scientifiques, il faudrait pousser l'analyse plus loin. Il est donc difficile de le savoir pour l'instant.

Jérôme Lazard croit que la capacité de cet écosystème tropical est forte, ce qui n'est pas le cas pour plusieurs installations crevettières. Depuis le début des années 1980, l'intérêt pour les crevettes de tous genres a connu une progression importante. La consommation a augmenté. Nos voisins américains en mangent en moyenne 4 kilos par personne, annuellement. Les crevettes exotiques (de capture et d'élevage) représentaient, en 2007, un peu plus du quart des importations québécoises de produits marins. Les plus récentes statistiques de l'Organisation des Nations Unies pour l'alimentation et l'agriculture (FAO), évaluent la production mondiale totale à six millions de tonnes et les crevettes d'élevage totalisent un peu moins de la moitié de ce volume, soit 2,6 millions de tonnes annuellement. Si on a développé des méthodes de pêche et d'élevage qui minimisent la pression sur les milieux marins et les écosystèmes, d'autres façons de faire soulèvent des doutes. À l'étranger, en eaux peu profondes par exemple, on évalue qu'il faut remonter de quatre à sept tonnes de crevettes pour en récupérer une tonne à mettre en marché.

La destruction de mangroves, l'épuration, voire la stérilisation des étangs d'élevage pour l'aménagement des bassins, la déforestation, toutes ces pratiques ont laissé de sérieuses traces dans la nature. La mangrove, un modèle biologique, un lieu qui favorise la biodiversité, a subi de lourdes pertes. En Asie par exemple, en une année et demie, après trois cycles de production, on a vu des éleveurs de crevettes récupérer leur mise de fonds. La tentation était grande d'exploiter au maximum ces écosystèmes riches et productifs. Jusqu'à les détruire.

Aujourd'hui, plusieurs organisations environnementales internationales qui étudient les stocks avant de recommander ou de bannir la consommation d'une espèce, placent la plupart des crevettes d'élevage sur leur liste rouge.

La récente étude de la FAO, dont il est fait mention plus haut, rappelle toutefois qu'entre deux millions et deux millions et demi de personnes vivent de cet élevage à travers le monde. Une source non négligeable de revenus et d'emplois pour bon nombre de familles pauvres.

On mange des crevettes partout, de toutes les manières et, après les bars à olives, on voit maintenant des bars à crevettes dans des supermarchés en Amérique du Nord : pâtes, sauces et crevettes exotiques assaisonnées permettent de composer votre plat. Pourtant, les pêcheurs du Québec et de Terre-Neuve remontent, respectivement, 37 millions et 200 millions de livres de crevettes chaque année. Elles coûtent un peu plus cher que les crevettes importées, c'est vrai, mais leur valeur alimentaire comme environnementale sont supérieures. Nous mangeons des crevettes venues d'ailleurs et nos crevettes nordiques sont vendues ailleurs. La crevette du troisième millénaire est un crustacé tropical, exotique, élevé en captivité. Ces pratiques d'élevage et de transformation posent de sérieuses questions.

Saumon, pangasius, crevette… tilapia. Voilà l'autre espèce sur notre liste. Son arrivée à l'épicerie est récente. Exception faite des carpes, qui ne sont essentiellement élevées et consommées qu'en Chine, il constitue le groupe de poissons d'aquaculture le plus produit au monde, devançant celui des salmonidés (saumons et truites) et le pangasius. Ce tilapia, c'est un autre poisson à chair blanche, plutôt neutre, qui s'apprête de nombreuses façons. La Chine est en ce moment le principal pays producteur. Inconnue dans les élevages chinois en 1975, la production atteint maintenant plus de

600 000 tonnes. Même chose aux Philippines : rien en 1970 et 120 000 tonnes à partir de 1982. Jean-François Baroiller, coordonnateur du groupe Biologie des espèces d'Intérêt Aquacole au CIRAD, explique que « cette espèce a été introduite sans beaucoup de succès au Brésil dans les années 1970. Vingt ans plus tard, la multiplication des parcours de pêche récréative dans l'État de Sao Paulo, a très fortement contribué au développement rapide de la pisciculture de cette espèce dans différentes régions du Brésil. Sur sa lancée, le pays compte maintenant atteindre le troisième rang mondial des producteurs de tilapia, et ce, dans les prochains dix ans. Paradoxalement, le tilapia est donc produit en Asie du Sud-Est et en Amérique latine alors que ce groupe d'espèces est originaire d'Afrique ! »

Chez cette espèce, un des objectifs de l'élevage est d'obtenir des mâles, qui grossissent plus vite que les femelles. Dans les grandes fermes d'élevage des pays du Sud (et aux États-Unis), la production de populations uniquement mâles s'effectue généralement par voie hormonale. Le scientifique français explique que « des stéroïdes mâles (androgènes) sont incorporés dans l'aliment des bébés poissons pendant leur premier mois d'élevage. Sous l'action de cette hormone, tous les bébés vont devenir des mâles ». Un traitement efficace, peu coûteux et attrayant pour les éleveurs. Cependant, l'utilisation de stéroïdes artificiels soulève des questions. Allons-nous, pour les poissons, reproduire ce que nous avons utilisé dans les élevages bovins ? Une fois libérés dans l'eau par les poissons, les résidus peuvent-ils perturber les autres systèmes aquatiques ? Pourrait-il y avoir un impact sur l'organisme humain ? « Mon travail consiste à rechercher des alternatives acceptables par le consommateur et pour l'environnement. Par exemple, un traitement d'une dizaine de jours à des températures élevées (que le poisson peut rencontrer en milieu naturel) peut permettre d'obtenir des populations de mâles. La température pourrait bien, dans les années à venir, remplacer les hormones pour le plus grand bien du consommateur et de l'environnement. »

En reconnaissant que le tilapia offre des avantages parce qu'il est une des rares espèces d'élevage qu'on peut produire sans faire pression sur le poisson sauvage (on peut l'élever sans recourir aux huiles ou farines de poisson), Jean-François Baroiller revient au cours de notre entretien sur l'importance de mettre au point des approches « propres » pour déterminer le sexe des poissons.

Quand on obtient des mâles ou des femelles qui atteignent vite une taille commerciale, on gagne en rapidité et en rentabilité. Un tilapia peut atteindre le stade commercial en six mois seulement.

Lester Brown, fondateur de l'Institut Worldwatch et maintenant directeur du Earth Policy Institute aux États-Unis, se penche depuis des années sur les questions d'écologie et de protection de l'environnement. Dans les pages du *Plan B 3.0*, son plus récent livre de réflexion sur l'avenir de la planète, il avance des solutions intéressantes pour l'aquaculture. Le fait de choisir des espèces se nourrissant de matière végétale plutôt que de matière animale est essentiel; moins de dommages à l'environnement, de pression sur les stocks de poissons sauvages, etc. Il suggère aussi de plus petites installations d'élevage; des systèmes intégrés où la nourriture des poissons comme les poissons eux-mêmes vivraient dans un écosystème artificiel autosuffisant. Un modèle chinois qui perdure et dont on pourrait s'inspirer ailleurs.

Comme l'élevage doit s'intensifier et qu'il représente des défis pour les scientifiques et des occasions d'affaires exceptionnelles pour l'avenir de plusieurs communautés côtières, son expansion exige des précautions. Sans doute pouvons-nous y voir un triple défi: celui de contribuer à offrir aux êtres humains une alimentation de qualité; de voir et de corriger les impacts négatifs des élevages sur l'environnement tout en tentant de freiner l'affolement de ces millions de consommateurs qui, du jour au lendemain, veulent de telle ou telle espèce dans leur assiette. Ralentir, là aussi, s'avère de la première importance. Enfin, il ne reste que peu de temps pour protéger certaines populations sauvages.

Comment se retrouver dans cette soupe de poissons?

Ce ne sont pas les animaux d'élevage ou le gibier mais les poissons qui constituent aujourd'hui le principal apport de protéines animales pour près de trois milliards de personnes, en Asie surtout, où chaque Chinois consomme un peu plus de 27 kilos de poisson par année. Au Canada, nous en consommons un peu plus de 9 kilos. Et la croissance de la demande augmentera pendant plusieurs années encore.

Mais ce que nous consommons nous, dans les pays industrialisés, n'a rien à voir avec ce que mangent les populations côtières de certains pays en développement pour qui la pêche représente une activité vivrière. Moins choyés que les Français dont les étals regorgent d'espèces qui nous semblent étranges,

Les poulamons de la rivière Sainte-Anne semblent retrouver vigueur et popularité.

nous ne voyons presque plus jamais de poissons entiers ; nous oublions à quoi ressemblent les truites, les saumons, les maquereaux, les harengs qui nous sont présentés en filets. Nous optons pour des valeurs sûres. Le saumon et le thon, surtout le thon en conserve, occupent une bonne part de notre panier poisson. En fait, nous mangeons peu de poisson tout court ! Et, alors que nous pourrions malgré tout disposer d'un assez bel éventail, nous mangeons trop souvent des poissons qui voyagent plus hors de l'eau que dans l'eau, des poissons qui sont pêchés dans une mer du bout du monde, qui sont transformés ailleurs et que nous achetons après qu'ils aient beaucoup frayé sur terre.

La distance entre les ports de pêche et le comptoir de poisson s'allonge ; les étapes se multiplient. D'autres exemples qui s'ajoutent à la perche du Nil, pêchée en Afrique, au pangasius du Vietnam, aux crevettes d'Équateur ? De la morue, pêchée en Atlantique Nord, qui va de la Norvège à la Chine pour y être filetée et qui revient garnir les comptoirs de supermarchés de Québec ou de Gaspé. Du poisson de fond d'Alaska, de Norvège ou de Russie qu'on débarque sur la côte atlantique, dans les usines de transformation de poisson et qui repart une fois apprêté. Du saumon sauvage, pêché au nord-ouest du Pacifique, en eaux internationales, découpé en portions individuelles et surgelé à bord du bateau, et emballé aux couleurs d'une entreprise canadienne dans une usine de la Chine, avant de revenir, par mer et par terre, au supermarché.

Le système est actuellement si complexe qu'il serait plus facile pour un hareng de retrouver sa descendance dans l'immense banc de ses congénères que pour un consommateur de retracer clairement la route de migration du poisson qu'il mange, du bateau jusqu'à son assiette.

La traçabilité, ce principe qui permet de refaire le parcours d'un aliment, de son lieu de récolte ou de capture en suivant toutes les étapes de la transformation jusqu'au point de vente au détail, peut fournir des réponses. Son utilité a été maintes fois démontrée dans des cas de contamination des aliments. Toutefois, elle répond aux besoins d'une industrie mondialisée qui souhaite suivre et retrouver au besoin ses produits, quel que soit le lieu où on les consomme. Elle n'est pas réellement adaptée aux besoins des consommateurs pour qui une indication d'origine rendrait les choses plus transparentes.

Si on réussit, dans plusieurs villes, à trouver un comptoir de poissons assez bien garni, quand on demande d'où vient le poisson qu'on se propose d'acheter, le poissonnier se transforme généralement en carpe! Il l'ignore, la plupart du temps.

De la perche étiquetée Lac Victoria sans qu'on précise qu'il s'agit d'un lac africain. Des crevettes nordiques fraîches qu'on affirme venir du Québec

QUAND PASSENT LES CALMARS

Il fait beau et très chaud dans la péninsule d'Avalon, à Terre-Neuve. Nous nous arrêtons dans un port de pêche. On sable, ponce, peinture les coques des bateaux après la saison du crabe. La radio tient compagnie à tous ces travailleurs solitaires. Pas d'excitation. On n'a plus à se lever en pleine nuit pour aller pêcher. Le jour, comme le rythme de travail, est calme.

Deux ou trois petites embarcations attirent notre attention. Des barques de bois, avec deux hommes à leur bord qui partent en vitesse en direction de la baie, juste à côté. Dans le bateau, un cylindre assez gros qui a l'allure d'une bobine. Le fil est garni d'hameçons. Nous patientons.

Ils reviennent avec de petites pieuvres, par milliers. Les barques sont pleines à ras bord. Ils déchargent en vitesse et repartent; le banc de calmars passe si furtivement dans la baie. Nous salivons déjà… par erreur puisqu'ils serviront à nourrir des animaux.

Quelques semaines plus tard, chez le poissonnier de Québec nous apercevons des calmars; ceux-là viennent directement d'Asie!

alors que la saison de pêche n'est pas commencée. De la morue dont la provenance demeure un mystère et toutes ces espèces indigènes à mettre en valeur : maquereau, hareng, flétan, crustacés, mollusques (huîtres, moules à consommer à volonté). Et toutes ces truites, ces dorés, ces brochets capturés pendant l'été par des milliers de pêcheurs sportifs.

Dans ces conditions, tenter de s'y retrouver représente un véritable casse-tête pour le mangeur écolo et pour tout mangeur curieux de savoir ce qu'il consomme. Poisson sauvage ou poisson d'élevage ? Frais ou décongelé ? Poisson d'ici ou d'ailleurs ? Pêché ici et transformé ailleurs… ou pêché ailleurs et transformé ici ? Capturé selon les normes et dans le respect des quotas ou en eaux internationales par des équipages peu soucieux de la protection des espèces ? Espèce en voie d'extinction ? Chair à teneur élevée en oméga-3 ? Contaminée au mercure ? Espèce capturée à 1 500 mètres de profondeur, où les poissons vivent généralement très vieux et où le taux de reproduction est faible ? Et comme si ce n'était pas suffisant de se retrouver dans les espèces qui nous sont familières, de nouvelles espèces et d'autres noms s'ajoutent régulièrement.

Une des solutions serait l'étiquetage de provenance. Le système d'étiquetage des homards québécois aurait pu, s'il avait duré, être cité en exemple. Le homard aux pinces bleues, vous vous rappelez ? Un élastique bleu décoré d'une fleur de lys retenait les pinces et informait les consommateurs du lieu de pêche. Le système n'a pas tenu le coup, victime d'un manque de persévérance et du trafic d'élastiques semble-t-il ! Même chose pour le crabe des neiges. La première année de vente de l'*Aristocrabe* a été remarquable. Suivie d'un flop, en raison d'une augmentation des prix sur les marchés internationaux. Les amateurs de poisson ne vivent pas qu'au rythme des saisons et des captures ; le prix payé par les acheteurs étrangers conditionne l'offre.

De nouvelles tentatives d'identification, grâce au système d'étiquetage «Aliments du Québec», ont été entreprises récemment ; elles aideront peut-être les consommateurs au moment de choisir entre le homard de la Gaspésie, des Îles-de-la-Madeleine et celui d'ailleurs. On envisage la même chose pour d'autres espèces.

Depuis peu, les regroupements de pêcheurs, l'industrie de la transformation, les réseaux de distribution tentent de palier le problème. Mais les choses vont lentement ; s'il est encore possible de faire voyager les pétoncles de la Basse-Côte-Nord jusqu'aux États-Unis, le crabe des neiges jusqu'au Japon,

Et on pourrait allonger la liste des espèces…

on peut se demander ce qui rend si difficile l'arrivée de ces mêmes produits à Montmagny ou à Chicoutimi. Les consommateurs semblent prêts, l'industrie l'est-elle autant? Les réseaux de distribution sont-ils intéressés à collaborer? Les observateurs se posent les mêmes questions depuis plusieurs années tout en observant qu'à l'étranger, de nombreuses initiatives se mettent en place et rapportent.

L'étiquetage de provenance serait, selon plusieurs, la première étape d'une logique de transparence. En parallèle vient donc la question de la gestion du stock de poisson. Qui pêche et avec quel équipement? Quelles autres espèces sont capturées au moment de la pêche? Le type d'engin utilisé pour la légine (un poisson d'Amérique du Sud) peut nuire aux albatros; la capture des grands thons peut faire mourir les dauphins. Depuis une dizaine d'années, des organisations internationales et nationales ont entrepris de certifier la pêche pour apporter un nouvel éclairage.

En 1997, dix ans après la création du Forest Stewardship Council (FSC) qui certifie les pratiques forestières durables auprès du marché, naissait le Marine Stewardship Council (MSC) qui fait de même avec la pêche ou plutôt les pêches, puisque les stocks sont analysés un à un. Dans son bureau de Londres, Nicolas Guichoux, directeur régional pour l'Europe, insiste d'entrée de jeu pour dire que le système s'appuie sur le principe de la récompense des bonnes pratiques plutôt que sur celui de la sanction. La carotte plutôt que le bâton. Il s'agirait aujourd'hui, selon l'organisme, «du plus grand programme indépendant d'étiquetage écologique et de certification internationale des pêcheries au monde».

Le MSC voit le jour à la suite d'une association entre Unilever, un des géants de l'alimentaire sur le plan mondial et le WWF. L'industriel s'inquiète d'être un jour associé à une extinction d'espèce ou aux dérives de la surpêche.

Le groupe de défense de l'environnement y voit une façon de mieux contrôler une partie de l'activité et d'encourager les bons coups. On est au milieu des années 1990. Un peu plus tard, le MSC devient totalement indépendant de ses deux organisations fondatrices. Ses normes reposent sur les codes de pratiques pour une pêche responsable de la FAO.

Le programme est ouvert à toutes les pêcheries, quelles que soient la taille, la position géographique des bancs de poisson, l'activité de pêche. On certifie, pêche par pêche, stock par stock en se méfiant des généralités. Seules sont exclues, d'entrée de jeu, l'utilisation de la dynamite ou du cyanure; deux activités pratiquées aux Philippines et en Asie du Sud-Est qui ont, on le devine facilement, un effet dévastateur sur les écosystèmes, en particulier sur les récifs coralliens. Pour toutes les autres pratiques, comme ce chalut de fond généralement décrié, il peut arriver qu'on juge la pratique acceptable. Alors que certains scientifiques souhaitent que cesse toute mise en marché de la légine de Patagonie (Chilean seabass), le MSC certifie une pêche, celle du stock de Géorgie du Sud (en Atlantique Sud).

Évaluation de l'état du stock, impact de la pêcherie sur l'écosystème, gestion de la pêche sont les trois grands axes de l'examen. Pour franchir les étapes de la certification, les pêcheurs, ou leur organisation de pêche, contactent d'abord un organisme certificateur, apte à évaluer les pratiques, en fonction des normes ISO. Commence alors une longue période d'évaluation des méthodes de travail qui fait appel à des experts indépendants. Ces derniers notent la performance de la pêcherie selon les normes établies par le MSC. Une fois la certification obtenue (un processus long et complexe), il faudra se plier aux révisions annuelles, de même qu'à un examen quinquennal.

Une seule pêcherie a eu plus de 90 % depuis le tout début, un stock de morue du Pacifique. Chez nous, deux pêcheries de crevettes (*Pandalus borealis*) ont obtenu la norme MSC jusqu'à maintenant: le stock du golfe du Saint-Laurent et celui de Terre-Neuve. Pour l'obtenir, l'industrie de la pêche et les scientifiques ont démontré qu'ils appliquent une approche prudente, que les engins de pêche laissent s'échapper le plus de poissons possible et que les stocks sont gérés de manière à maintenir cette abondance engendrée (entre autres) par la diminution des stocks de morue, un prédateur de la crevette.

Nicolas Guichoux observe que ceux qui n'obtiennent pas le label continuent pour la plupart à travailler à améliorer le processus pour arriver plus tard à la certification. Un processus d'amélioration continue qui ne s'applique donc pas seulement à ceux qui franchissent le fil d'arrivée. Vingt-six pêches avaient, au printemps 2008, obtenu la certification MSC. Soixante-huit franchissaient les étapes du processus au moment d'écrire ce livre. On estime que 150 autres ont tenté leur chance depuis le départ. Les États-Unis et le Canada ont été les premiers à réagir. Le MSC s'apprête à ouvrir des bureaux en Allemagne et à Tokyo et met en ce moment la touche finale à un programme destiné aux pêcheries de pays en développement, en étant sensible au fait que les informations scientifiques y font souvent défaut. Le programme ne s'applique qu'aux espèces sauvages et à tous les types de captures, qu'elles soient destinées à l'alimentation humaine autant qu'à l'alimentation animale ou à la production de compléments alimentaires ou de médicaments.

Avantage sur le plan de la transparence souhaitée par plusieurs consommateurs; avantage pour les petits pêcheurs qui obtiennent une plus-value pour leur produit. Pourquoi? Dans ce monde où les géants décident qu'ils n'achèteront prochainement que des produits certifiés MSC (ou équivalents), il importe pour eux de se préparer à accéder aux marchés. «Demain, s'il y a un nouvel effondrement d'un stock quelque part, la première crainte, c'est que médias et consommateurs pointent les grands acheteurs du doigt comme étant responsables d'une partie du problème. Comme très souvent dans ces situations, ce sont les grosses entreprises qui sont les plus ciblées et que ce sont elles qui ont le pouvoir de changer les choses, il ne faut pas s'étonner du fait que la pression actuelle vienne de ces entreprises.» La réponse trouvée par le MSC répond donc à une situation de marché mondialisé, contrôlé par un petit nombre d'acheteurs. Elle est, pour des gens qui pêchent à un bout du monde et qui vendent ailleurs, l'équivalent d'un même langage de commerce qui repose sur des principes environnementaux.

Rien ne vous empêche, comme consommateur, de rechercher le sceau MSC sur ce que vous achetez; cependant, dans cette mer de produits vous risquez de ne pas manger grand-chose! D'autres organismes comme Greenpeace procèdent à leurs propres analyses, lesquelles mènent au même but: fournir aux consommateurs des informations crédibles sur le poisson qu'ils achètent.

C'est ainsi qu'à l'aquarium de Monterey, en Californie, une équipe de recherche qui a entraîné dans son sillage d'autres équipes à travers le monde dirige le projet Seafood Watch.

On produit pour les mangeurs de poisson des fiches d'information «format poche». Les types de poissons y sont classés en trois catégories: du feu vert au feu rouge (en passant par le jaune évidemment), vous aurez les poissons recommandés, à éviter et à bannir. Il n'y a pas de liste qui s'applique au Québec, à la Colombie-Britannique ou encore à l'ensemble du Canada. Cependant, la liste produite pour le nord-est du continent peut apporter quelques réponses. Mieux vaut toutefois comparer les résultats avec les études scientifiques des ministères concernés; ces derniers effectuent des analyses poussées pour les stocks sauvages exploités commercialement, ce qui permet de se faire une idée réaliste de la situation locale.

Selon le Seafood Watch[35] et les organismes qui produisent des documents de même type, la plupart des mollusques d'élevage ne posent pas de problème et peuvent être consommés à satiété. Moules, huîtres, palourdes, sont, de plus, des filtres; des organismes qui assainissent les eaux dans lesquelles ils se nourrissent et grossissent. Le thon rouge apparaît sur toutes les listes rouges. Les saumons d'élevage de même, la plupart du temps (un bel exemple de messages contradictoires entre l'impact sur la santé humaine et celle de la santé de l'environnement). Des guides de consommation de sushis du même type sont apparus récemment. Ils identifient les types de contamination et les menaces d'extinction. Vous pouvez même télécharger l'information sur votre téléphone portable!

Plus localement, quelques organisations tentent d'apporter des réponses aux consommateurs. Au Québec, les Innus de la Côte-Nord qui se sont associés à des industriels non autochtones pour transformer les espèces qu'ils débarquent, depuis que le jugement Sparrow a confirmé leur droit à la pêche commerciale, envisagent la création d'une certification d'origine. Nous avons eu droit à une campagne de promotion du maquereau qui a bien fonctionné une première année et qu'on a mise en veilleuse par la suite. Pourtant, la volonté d'en savoir davantage est manifeste. Dernier exemple: une chaîne d'alimentation suisse, en adhérant au Seafood Group du WWF, ne vend plus,

---

35. Voir: www.montereybayaquarium.org

Goût du monde ou saveurs locales ?

Homardiers au repos.

depuis quelques années, de thon rouge ou de requin. Plus récemment, dix autres espèces disparaissaient de ses rayons.

Que de questions avant de mettre du poisson dans l'assiette! D'où vient le filet qui repose sur son lit de glace? Comment a-t-il voyagé? Comment le stock est-il géré? Nous avons vécu longtemps sans manger de thon rouge, il ne faut pas l'oublier. Faire autrement ne semble pas impossible. En privilégiant la saison et le local, en apprenant à apprêter les poissons entiers, en se rappelant qu'un plat de moules accompagné d'une salade apporte de la variété, en faisant des bouillons, des chaudrées, des soupes de poisson pour sortir de l'ordinaire, on s'en tire assez bien.

Avons-nous besoin de créer le hamburger de méduse? D'extraire l'huile de krill pour la santé cardiaque? À quoi serviraient des poissons génétiquement modifiés? Pourquoi un poisson blanc à saveur de morue? Toutes ces possibilités sont quasiment dans le plat de service, prêtes à être déposées sur nos tables.

On va pêcher demain ?

Les chefs cuisiniers ont un rôle à jouer; ces mêmes programmes de suivi de provenance leur sont accessibles. En mettant dans les assiettes des carottes de toutes les couleurs, les topinambours, la pomme de terre ratte et combien d'autres légumes, ils ont sans doute stimulé l'intérêt pour la variété; en faisant connaître tel ou tel élevage animal, les fromages, les produits de saison, ils ont contribué à cet élan de sympathie pour le terroir et ceux qui en vivent. La même chose pourrait s'appliquer au poisson.

Si un filet de pangasius nous dépanne de temps à autre, si nous avons l'assurance que l'élevage fait vivre des pisciculteurs, plutôt qu'une interminable chaîne d'acteurs et que son transport est rationnel (bateau et train par exemple), que son bilan carbone est raisonnable, pourquoi pas? À condition que sa présence dans notre assiette ne nous fasse pas oublier toutes ces truites à pêcher dans nos lacs, le hareng, la morue, le doré, le flétan, ces poissons indigènes dont la présence sur les étals pourrait nous dire à nouveau la santé de l'écosystème du Saint-Laurent.

Un poisson représente plus que des bons ou des mauvais gras, des protéines et des vitamines. Un poisson, c'est aussi un lac, un océan, un bassin, le travail des humains et le plaisir de la pêche sportive. Alors que les végétaux sont le lien le plus intime que nous ayons avec la terre, les poissons eux nous relient à la mer.

CHAPITRE 3
Le biscuit

J'étais portée par l'amour, vers les fourneaux. Je devenais la pourvoyeuse de mémoire comme on l'avait été pour moi. C'est une femme qui m'enseigna cela et je reçus ses paroles comme des lumières qui tout d'un coup jaillissent et dont on s'aperçoit qu'on les connaissait déjà. Elle était du Nord. Je la trouvai dans sa cuisine, entourée de l'odeur protectrice du gâteau qui cuit. Déjà, j'en étais amollie. Des tartes au sucre étaient posées partout. « C'est pour mes enfants, dit-elle, je leur fais un goûter avec une recette de mon pays. Je leur fais des souvenirs pour plus tard. »

Marie Rouannet[36]

Affaires de famille et de cuisine

Biscuit : « Gâteau sec fait de farine, d'œufs, de matières grasses et de sucre pouvant se conserver longtemps tel quel. » C'est la définition du *Larousse*. La mienne ? C'est d'abord une odeur, celle du beurre et du sucre qui cuisent ensemble en embaumant la cuisine au retour de l'école. C'est celle des biscuits aux épices, au gruau, à la mélasse. Ce sont ces biscuits, patiemment taillés à l'emporte-pièce, assemblés en sandwich, emprisonnant une gelée maison, aux fruits. Avec l'odeur de la soupe, c'est la sécurité, la douceur, les attentions de ma mère. La pause que s'offrait ma grand-mère en buvant son thé. Une des étapes de l'apprentissage de la cuisine pour les enfants et petits-enfants de notre famille.

Je fais partie des gens qui ont connu les recettes maison : celle de la pâte à modeler, comme celle de la pâte à tarte. J'ai reproduit les mêmes gestes pour que mes enfants s'imprègnent de ces odeurs de soupe ou de biscuits. Je suis

---

36. Rouannet, Marie, *Mémoire du goût*, Paris, Albin Michel, 2004, p. 89.

toujours étonnée de voir avec quel naturel plusieurs petits, même des adolescents, se prêtent volontiers au jeu du jardinage et de la cuisine. Goûter ce qui sort de la terre, le nettoyer, le couper, le cuire… leur donne envie de manger! Ils savent être patients. Ils sont fascinés par toutes ces transformations; la minuscule graine qui devient un plant de haricots, les fraises qui font la confiture; toute cette magie les épate!

Je suis impressionnée par tous ces jeunes et moins jeunes jardiniers-maraîchers, ces éleveurs et toutes ces personnes qui en nourrissent d'autres. J'admire ces agriculteurs qui sèment des dizaines de variétés de légumes et de fruits, entretiennent champs et paysages et trouvent même du temps pour glisser une ou deux recettes dans le panier de provisions de leurs clients, histoire de ne pas prendre au dépourvu un mangeur ignorant tout de la livèche, de la courge butternut ou du topinambour. Je suis toujours ravie quand, devant un comptoir de marché, une vendeuse réussit à me vendre «sa» tomate en me nommant la variété et en suggérant une façon de l'apprêter. Elle vient de me raconter une histoire. Je suis aussi ravie quand le vendeur de poissons sait de quoi il parle.

Et je m'incline devant toutes ces initiatives de cuisines collectives, devant des hommes et des femmes qui font des prouesses avec ce qu'ils obtiennent des banques alimentaires. Respectueuse de ces personnes qui nourrissent au jour le jour des étrangers, comme s'il s'agissait de leur propre famille. Si la crise alimentaire qui frappe très durement dans certains coins du monde ne s'applique pas chez nous avec autant de gravité, on trouve trop de gens qui manquent de ce qu'il faut pour vivre: une nourriture de qualité, variée, à prix raisonnable, et cette atmosphère agréable qui fait tant de bien, au moment de manger.

Pour réapprendre la cuisine et ses plaisirs, aux États-Unis, dans quelques écoles en France, en Nouvelle-Écosse, comme à Saint-Philémon, dans Bellechasse, de petits potagers «poussent» près des classes. On sème, on surveille, même pendant l'été, sa future récolte. À la rentrée, on cueille, on cuisine, on mange. Des laitues toutes simples, des pois mange-tout, des tomates cerises, des cerises de terre. Les enfants racontent et demandent aux parents de poursuivre. Comme les enfants de la génération précédente ont montré à leurs parents à récupérer et à recycler, ceux-là leur demanderont peut-être de jardiner et de cuisiner. Le savoir manger reviendra-t-il de cette manière? Des éducatrices m'ont raconté que des ateliers de cuisine commencés à l'école se poursuivent à la maison. Quelques jours après avoir expérimenté une recette, les enfants ramènent le même plat dans leur boîte à lunch. Elles s'en réjouissent.

Le film de Jean-Paul Jaud, documentariste français, raconte la détermination d'une commune du sud de la France décidée à offrir aux écoliers des repas bio. Dans *Nos enfants nous accuseront*, il faut voir les enfants attablés pour partager le plat que leur apporte le cuisinier. Ils s'encouragent les uns les autres à goûter. Dehors, on les voit se pencher sur leurs plants, fiers de leur récolte. Des apprentissages simples, qui ne coûtent pas grand-chose et qui peuvent se vivre un peu partout : dans les parcelles des jardins communautaires, les jardins collectifs autant que dans les parterres de banlieue. Le jardinage comme la cuisine sont des plaisirs qui se partagent.

Mais pour faire, il faut pouvoir apprendre, essayer, rater ses expériences et recommencer. Si manger s'apprend, cuisiner s'apprend aussi. Et une bonne partie du savoir s'est perdue en cours de route. Un manque qui a été comblé par le prêt-à-servir, la restauration rapide, ce tout-cuit-dans-le-bec qu'on a peut-être confondu avec l'aspect pratique. Avoir besoin de poitrines de poulet de temps à autre ne signifie pas qu'on ne souhaite plus voir de poulets entiers dans les comptoirs. Aux États-Unis en ce moment, selon Erik Millstone et Tim Lang, 90% des poulets se vendent découpés ou sont cuisinés par l'industrie de la transformation[37]. De l'autre côté de la frontière, le poulet entier devient une espèce en voie de disparition.

---

37. Lang, Tim et Millstone Erik, *op. cit.*, 2008, p. 84.

Ce tout-cuit-dans-le-bec prend des allures qui sidèrent les personnes qui aiment la cuisine, surtout celle de tous les jours et qui peut, elle aussi, être rapide et efficace. Soupes prêtes à réchauffer, bouchées apéritives vendues dans des cuillères individuelles (qui iront aux poubelles après ou, à tout le moins, au recyclage), sushis congelés (on aurait trouvé une façon d'éviter le dessèchement du riz), pommes en quartiers qui vieillissent dans un emballage individuel, volailles farcies, etc. On pourrait ajouter des exemples par milliers. Et un volume d'emballages directement proportionnel.

À travers cette marée, on trouve des gens qui vont à contre-courant. Résistants de la terre et de la table qui pèlent, râpent, hachent, zestent, saisissent, mijotent, rôtissent et... mangent. Des êtres pour qui une cuisine simple, faite d'aliments de qualité et inspirée par le passé et les saveurs de l'univers se teinte de modernité. Ils pétrissent les traditions, s'inspirent du territoire, assaisonnent les savoirs pour refuser l'uniformité ambiante. La technologie leur sert d'outil, les connaissances techniques et scientifiques d'épices. Ils aiment la terre, la mer, la cuisine. Autant celle de tous les jours que les tables des fêtes.

Slow Food, qui est sans doute le plus connu des mouvements de résistants, n'est pas seulement né d'un élan de protestation face à l'aménagement d'un restaurant McDonald à Rome à la fin des années 1980. Il est aussi issu de la volonté de donner du temps au temps, de ramener sur la table ces plats inspirés d'un terroir, porteurs de cultures et de connaissances. «Savourer, sur chaque terre, les plats spécifiques que celle-ci prône, revient à nouer des liens avec la tradition et à s'intéresser à un patrimoine constitué d'hommes et de femmes, de paysages et de monuments. Aucun produit ne peut être appréhendé complètement hors du milieu dont il est l'expression culturelle. [...] Le patrimoine agricole et alimentaire est devenu une richesse non négligeable dans un monde à la merci de forces dominantes et désertifiantes, dont il faut se hâter de défendre l'authenticité et d'encourager le développement des territoires qui l'accueillent[38].»

«Bon, Propre et Juste», ce sont les mots de Carlo Petrini, fondateur du Slow Food, pour résumer l'essentiel de la démarche. Bon, pour la saveur. Propre, pour la qualité des pratiques et leur impact sur l'environnement. Juste, pour

---

[38]. Petrini, Carlo, *Slow Food. Manifeste pour le goût et la biodiversité*, Gap, Éditions Yves Michel, 2005, p. 74-75.

résumer cette attitude de respect face aux agriculteurs, aux travailleurs de la terre. Une proposition qui résume admirablement les espoirs d'un nombre grandissant de personnes quand vient le moment de s'asseoir à table.

Quelques courses au supermarché

> *Je sauce des biscuits*
> *Dans le chocolat chaud*
> *De quatre heures à minuit,*
> *Qu'y fasse froid qu'y fasse chaud.*
> *Y sont tellement pareils*
> *Qu'on dirait qu'c'est les mêmes. Y'm sortent par les oreilles*
> *Même au cœur du carême…*
>
> Michel Tremblay[39]

Biscocho, biscuito, biscotto, biscotte, biscuit. Selon le *Robert historique de la langue française*, biscuit désigne un pain cuit deux fois et qu'on n'avait qu'à humidifier au moment de le manger (pensez aux biscottis). Une méthode de conservation qui permettait de constituer des provisions, en vue des longs voyages. D'où les biscuits des marins et des militaires. Le mot anglais *cookie*, viendrait du néerlandais *keokje*, pour petit gâteau. Cuire, *cook*… on remonte ainsi peu à peu à l'origine de la transformation des aliments dont les céréales, à la découverte et à l'utilisation du sucre. À l'association des deux, en fait.

Dans les livres anciens, les recettes de biscuits sont regroupées par dizaines : galettes de toutes sortes, biscuits moulés au creux de la main, taillés, roulés, découpés, réfrigérés avant cuisson. Ils sont caloriques, sucrés et leur teneur en graisses animales ferait frémir la nutritionniste la plus tolérante. C'est entre autres par les biscuits que nous avons appris à apprécier la cannelle, la muscade, le gingembre, la vanille, de même que les raisins secs, les dattes, la noix de coco, le cacao, le chocolat et, par la suite, les pépites de chocolat !

Graduellement, on les cuira dans des fours industriels. Certaines marques de commerce, très réputées, aujourd'hui connues à l'extérieur de leur pays d'origine, remontent au XIXe siècle. Plusieurs clients des épiceries et magasins généraux d'hier se souviendront qu'on les vendait en vrac.

---
39. Tremblay, Michel, «Le rêve de la sauceuse de chocolat», (musique de François Dompierre, chanson interprétée par Pauline Julien), *Mes amies d'filles*, Kebec-disk. KD-949.

Pâtisseries garnies de la récolte locale.

Les ingrédients des premières «formulations» étaient, de toute évidence, les mêmes que ceux contenus dans les recettes maison. Puis, les avancées scientifiques, technologiques, de même que la concurrence, ont favorisé le remplacement de certains ingrédients et mené aux changements. La pression pour réduire les prix commençait déjà. Le sucre, issu de la canne à sucre, puis de la betterave à sucre, a été détrôné par les sirops de maïs; les sirops de glucose, de fructose ont fourni une matière première moins coûteuse. Scrutez les étiquettes, ils sont partout. Bien plus que dans l'allée des biscuits.

Au début du XXe siècle, s'amorce la révolution du prêt-à-servir par la transformation du déjeuner. Les Corn Flakes des frères Kellogg font leur apparition sur les marchés. Ces céréales se répandent, remplacent le pain, les plats de gruau du réveil. Elles seront copiées, le sont encore et survivront à une concurrence extraordinaire. Le chiffre d'affaires de l'entreprise, grâce à toute sa gamme de produits alimentaires (essentiellement des produits céréaliers), a atteint près de 12 milliards de dollars en 2007.

En parallèle, la fabrication des biscuits, comme celle des gâteaux, va s'urbaniser et s'industrialiser chez nous. En 1867, débutait l'aventure de Charles Théodore Viau. Cet entrepreneur canadien-français dynamique et prospère, propriétaire d'une biscuiterie montréalaise, allait révolutionner l'étape de la fabrication du dessert pour de nombreuses ménagères urbaines. Plus besoin de préparer et de faire cuire biscuits et pâtisseries, Viau s'en charge. Ses odeurs embaument le quartier; son influence sur la vie collective est marquante; subsistent un nom de rue et de station de métro pour le prouver. On parlait même de Viauville! Au terme d'une série de rachats, les droits de fabrication de quelques produits-vedettes (comme les biscuits Village, Whippet…) sont passés chez Dare, une entreprise familiale ontarienne.

Kraft, une des plus grandes entreprises d'aliments et de boissons au monde, étend sa présence dans 150 pays et compte plus de 100 000 employés. Ses produits vont du hoummos aux boissons en cristaux en passant par le bacon, les charcuteries et les pâtes prêtes en moins de 5 minutes (le célèbre *Kraft Dinner*).

Oreo, introduit en 1912 par la National Biscuit Company aux États-Unis et racheté par Kraft, est un des fleurons de l'entreprise. Un des produits les plus connus. De la Thaïlande à l'Argentine, de l'Espagne à la Russie, le biscuit, bientôt centenaire, est devenu un produit universel. Marion Nestle, auteur reconnu et professeur de nutrition à l'Université de New York, raconte qu'en 1990, on trouvait six sortes de biscuits Oreo dans les supermarchés; en 2003: 27 sortes[40]. Aux biscuits s'ajoutent les produits dérivés: la crème glacée, les brisures de biscuits pour fonds de tarte, etc. Les formats de 100 calories, comme l'a voulu la mode ces dernières années, sont aussi disponibles.

Tous ces biscuits, céréales, croustilles et collations occupent beaucoup d'espace dans nos supermarchés. Si vous vivez au Québec ou au Canada, vous y trouvez un des paniers les moins chers au monde. Il représente 11% du revenu moyen des résidents de Québec en 2003, 10% à Toronto, 11,3% à Vancouver. Bien qu'ayant un peu augmenté avec la crise alimentaire, les chiffres sont semblables dans les pays industrialisés. Attention! avec ces moyennes, on oublie que pour certaines familles, ce budget peut totaliser un pourcentage beaucoup plus élevé du revenu.

Les supermarchés sont les vitrines de la plus grande industrie du monde. Celle de l'agroalimentaire. Les plus gros commerces où on trouve aliments bio, écrans plats, poissons surgelés et DVD Disney regrouperaient jusqu'à 40 000 produits de toutes sortes. L'épicerie québécoise type, celle qui se concentre sur la vente d'aliments, en contient 20 000. C'est 10 fois plus qu'en 1960. L'emplacement de tous ces produits sur les tablettes fait l'objet d'ententes entre fabricants, distributeurs et marchands.

Les épiciers qui se concentrent sur la vente d'aliments sont secoués par les temps qui courent. Depuis un moment, ils s'inquiètent de la formule club-entrepôt, comme ils se demandent quel sera l'impact de tous ces départements

---

40. Nestle, Marion, *What to Eat. An Aisle-by-Aisle Guide to Savvy Food Choices and Good Eating*, New York, North Point Press, 2006, p. 367.

alimentaires des magasins à rayons qui prennent du volume. De très grandes surfaces occupent de plus en plus d'espace dans nos décors commerciaux, là où vous pouvez vous promener «une pizza dans une main, un pneu dans l'autre», pour reprendre l'expression d'un professeur d'économie rencontré il y a plusieurs années. Même si leur progression semble plus lente sur le territoire québécois, les changements sont visibles.

À plus petite échelle, si nous avons vu récemment réapparaître des boucheries, des boulangeries et des commerces alimentaires de quartier, il est clair que depuis un siècle, ces magasins spécialisés ont été malmenés jusqu'à s'éteindre, pour une bonne part. Ces boutiques qui accaparaient jusqu'à 17 % des ventes aux États-Unis en 1929 sont, pour ainsi dire, disparues du décor commercial. En 1999,

La fournée du jour attendant ses clients.

elles ne représentaient que 2,9 % des ventes ; en 2004, 3,5 %... signe d'un retour progressif ?

Tous ces abandons, toutes ces faillites de commerces alimentaires ont contribué à la dévitalisation des villages et des centres-villes. Vous n'avez pas besoin d'être centenaire pour vous souvenir de ces lieux où on échangeait des nouvelles en achetant. C'est ce contact que plusieurs recherchent en se repliant sur les boutiques spécialisées et les marchés publics.

Aujourd'hui, dans plusieurs quartiers nord-américains, ne subsistent que de très petites épiceries et des dépanneurs. Et pas seulement en milieu défavorisé. «Il y a des secteurs riches mal servis et des secteurs pauvres mal pourvus, mais il y a aussi des secteurs pauvres bien approvisionnés», pour reprendre les mots du mémoire de la Direction de santé publique de l'Agence de la santé et des services sociaux de Montréal, au moment des travaux de la Commission sur l'avenir de l'agriculture et de l'agroalimentaire au printemps 2007. Si la voiture permet de se déplacer pour faire ses achats (et elle est trop souvent utilisée pour de petites courses), encore faut-il en posséder une. C'est ainsi que l'enquête nous apprenait que «40% des Montréalais, vivant dans les secteurs les plus urbains – en excluant l'ouest de l'île –, n'ont pas accès à un approvisionnement adéquat en fruits et légumes frais à une distance de marche» (500 mètres). Si vous avez déjà porté vos sacs de provisions dans les transports en commun, vous pouvez comprendre que plusieurs personnes se découragent rapidement d'aller loin pour chercher des carottes et des pommes!

Régulièrement, les organismes de défense des droits sociaux et les spécialistes de la santé publique déplorent cette situation qualifiée de désert alimentaire. À l'extérieur des villes, chez nous comme ailleurs, se pose aussi le problème du choix. Arrêtez-vous de temps à autre dans certaines petites épiceries de village pour retrouver ce sentiment de ne jamais savoir où vous êtes, tant elles se ressemblent. La même allure, les mêmes produits, que vous soyez sur la Côte-Nord, au sud de Bellechasse ou en Abitibi. Seule la marque de fromage en grains change à côté de la caisse! Rien qui puisse vous dire qui cultive quoi, qui élève quoi, qui pêche quoi, dans un rayon d'une cinquantaine de kilomètres. Et pour trouver une offre un tant soit peu stimulante au rayon des fruits et légumes, il faudra repasser.

Et puisqu'il faut faire vite, que nous n'avons plus de temps pour la cuisine, on nous vend l'aspect pratique. La rapidité d'exécution, de cuisson. Une mise en marché parfaite pour gens pressés. Ironiquement, si le temps de préparation des repas a fondu, celui des courses s'est allongé. Selon Tim Lang: «Les repas préparés et les produits de nettoyage améliorés ont permis, en moyenne, de réduire le temps hebdomadaire consacré aux tâches domestiques de deux heures et quarante et une minutes. En revanche, il faut maintenant deux heures quarante-huit pour faire les courses et se déplacer vers les commerces d'alimentation; en particulier parce qu'ils sont concentrés à l'extérieur des centres urbains[41].» (notre traduction) Ces données britanniques décrivent sans doute une réalité commune à plusieurs pays industrialisés.

---

41. Lang, Tim et Heasman, Michael, *Food Wars. The Global Battle for Mouths, Minds and Markets*, Londres, Earthscan, 2007, p. 209.

De toute évidence, c'est ce que nous croyons très souvent avoir acheté : du temps. Tout ou presque s'achète préparé, congelé, prêt à servir. Parmi toutes ces propositions, des idées de génie, pratiques qui permettent vraiment de gagner du temps et d'autres qui laissent perplexe. Dans les services de garde en milieu scolaire, on ne s'étonne plus de voir, très régulièrement dans la boîte à lunch des mêmes enfants, plusieurs jours par semaine, des sandwichs préparés dans des cuisines d'entreprises et vendus chez les dépanneurs et à l'épicerie.

Cette abondance locale, nationale et mondiale nous confronte à des centaines de milliers de produits alimentaires (300 000 aux États-Unis, selon Marion Nestle). De plus, elle repose sur une rotation constante et l'apparition de nouveautés. Jusqu'à 18 000 annuellement à l'échelle mondiale, selon plusieurs experts. Quant à la durée de vie des nouveaux produits, les chiffres diffèrent, mais on reconnaît généralement que la moitié d'entre eux auront disparu à leur deuxième anniversaire.

Au Québec, on évalue l'afflux de nouveautés à 8 000 produits annuellement. En tenant compte du fait que 4 000 d'entre eux vont disparaître, arrivent tout de même sur les tablettes plus de dix nouveautés par jour en moyenne, semaine, dimanche et jours fériés compris. Qui donc peut suivre le courant ? Se tenir informé ? Et qu'est-ce qu'une nouveauté ? J'ai posé la question à Xavier Terlet, de XTC world innovation. Entrer dans son bureau, à Paris, c'est se retrouver devant des vitrines étonnantes, où les objets mis en valeur sont des aliments et des boissons venus du bout du monde et qui étonnent autant par leur emballage que par leur contenu. Avec son équipe, il effectue une veille alimentaire mondiale en surveillant ce qui surgit sur les marchés, pour ne retenir que le neuf : non pas la déclinaison d'un produit existant, mais une association inédite de deux aliments, un emballage différent, une saveur nouvelle.

Quelles tendances se dégagent de ces nouveautés ? La notion de plaisir, puis l'aspect santé. Ensuite, tous les aliments qui contribuent à la forme : minceur, apparence, bien-être. Enfin, l'aspect pratique et, à la toute fin, ce qui ne comptait presque pas en 2005 : l'éthique. La notion de respect des producteurs, de la nature, de l'environnement progresse sur l'échelle des tendances.

À son avis, l'exotisme a toujours sa place. « Nous avons encore des tas de choses à découvrir : fruits, fleurs, terroirs, le tout auréolé d'une certaine naturalité. Nous régionalisons les saveurs : si je vous parle de couscous, vous me direz que c'est banal, mais si je dis que c'est la recette de Marrakech, de Tanger ou de Casablanca, je viens de le ré-exotiser. Aujourd'hui, on va cueillir le sel sur les contreforts de l'Himalaya comme dans les marais salants de Madagascar ou de l'île de Ré. À la manière des botanistes partis herboriser dans des endroits impossibles pour trouver des plantes, on tente de dénicher la différence où qu'elle soit. Et maintenant, cet exotisme a presque une obligation de fonctionnalité. On consomme des aliments étonnants qui apportent une impression de sécurité : le goji (une baie originaire de Chine, riche en vitamines), les canneberges (exotiques pour les Français), le curcuma. Tous ces aliments ont des propriétés antioxydantes, mises en évidence par des spécialistes du cancer. »

Mais cette image nature se trouve confrontée, jour après jour, aux aliments industriels. Colorants, agents de conservation, antioxydants, émulsifiants, stabilisants, épaississants, édulcorants, rehausseurs de saveur (même utilisés sous leur forme naturelle) font maintenant partie de notre diète. Erik Millstone et Tim Lang rapportent que les consommateurs des pays industrialisés consomment en moyenne entre 7 et 8 kilos d'additifs par année. Ils ont évalué leur nombre à 570. Environ 320 d'entre eux sont raisonnablement sûrs, 150 soulèvent des doutes, 70 peuvent provoquer allergies et intolérances chez un nombre restreint d'individus et 30 pourraient poser des problèmes à long terme.

En décembre 2008, en Chine, dans la foulée du scandale du lait contaminé à la mélamine (cette substance interdite dans l'alimentation qui a la propriété de hausser le taux de protéines, qui a empoisonné 290 000 enfants et provoqué des décès), Brice Pedroletti, dans un article du quotidien *Le Monde*, rapportait la détermination des autorités chinoises à enrayer le problème. Il poursuivait ainsi : « Les inquiétudes portent maintenant sur les additifs alimentaires, les vitamines et les acides aminés, dont un grand nombre sont désormais *sourcés* en Chine par les industries alimentaires et pharmaceutiques du monde entier, faute d'autres producteurs. Selon l'Association chinoise des ingrédients et additifs, le secteur regroupe quelque 2 000 fabricants et 1 000 distributeurs. En 2007, la Chine a exporté pour près de 4 milliards de dollars de ces additifs[42]. »

---

42. Pedroletti, Brice, « Après le scandale de la mélamine, la Chine tente de faire le ménage », *Le Monde*, Paris, 16 décembre 2008, cahier Économie, page III.

Actuellement, la pression des consommateurs et des professionnels de la santé pousse l'industrie à mettre la pédale douce sur plusieurs de ces substances. On veut des produits moins gras, moins salés, moins sucrés, qui demeurent souvent plus gras, plus salés, plus sucrés que l'alimentation maison où on contrôle soi-même les quantités. De plus, les substances qui auraient des effets bénéfiques sur la santé, comme les alicaments, sont apparues dans le paysage alimentaire. Il s'agit, selon la définition de l'Office québécois de la langue française, d'un aliment conventionnel qui a «pour caractéristique de procurer des effets physiologiques bénéfiques dépassant ses fonctions nutritionnelles habituelles ou de réduire le risque de maladies chroniques».

Les fraises cultivées et le sirop à saveur de tarte aux fraises, entrevus le même jour, dans la même épicerie, illustrent bien cet écart grandissant entre la nature et le transformé. Dans ce commerce remarquablement pourvu d'aliments importés des quatre coins du monde, on aurait pu acheter, entre ces deux extrêmes, quelques variétés de fraises de provenances diverses, des biscuits, céréales, chocolats, purées, boissons, jus, crèmes glacées, yogourts, confitures, guimauve, pâtes à tartiner, tous aux fraises ou à saveur de fraises. Des fraises séchées, moulées en rubans, confites, en pâte, déshydratées, lyophilisées, congelées, surgelées. Et je n'ai pas tout vu!

CHOUX-FLEURS À VENDRE

C'était la fin de l'été. Dans les champs poussaient des milliers de brocolis, poivrons, choux de toutes sortes et des choux-fleurs. À l'ultime étape de la croissance, des ouvriers agricoles avaient renfermé un à un les plants, sous leurs propres feuilles, pour que les choux-fleurs restent bien blancs et tendres. Il y en avait des milliers.

Jusque-là rien d'anormal. Le hic, c'est que tous ces légumes patientaient, en attente d'un marché. Ils n'avaient pas mûri à l'heure convenue. Au moment des semis, maraîcher et acheteur avaient fixé une date de livraison pour qu'ils soient offerts en promotion à la une du cahier publicitaire de la chaîne, cette semaine-là. La pluie et les températures fraîches étaient venues compliquer les choses en ralentissant leur mûrissement. Faute de choux-fleurs locaux à offrir à la clientèle, les acheteurs s'étaient tournés vers d'autres marchés, étrangers, pour s'approvisionner. Et l'agriculteur restait, découragé, avec quelques milliers de crucifères sur les bras.

Je me rappellerai toujours de sa déception, de la colère qu'il refusait d'exprimer publiquement. Tant de travail pour rien. Je n'ai jamais su s'il avait réussi à les écouler ou s'il avait dû se résigner à les jeter.

Il n'y a pas que dans les pays en développement que se perd une part importante de la nourriture entre le champ et le commerce. Combien de légumes, de fruits sont encore écartés à cause de légères imperfections ou parce qu'ils ne sont pas prêts au bon moment ? Ou encore parce que l'industrie de la transformation s'approvisionne ailleurs ? Encore beaucoup trop.

Voilà pourquoi je crois aux marchés publics, aux échanges directs. Pour que quelqu'un puisse dire tout simplement : « le chou-fleur sera prêt un peu plus tard, faute de soleil ». Et qu'on arrête de s'imaginer que le juste-à-temps s'applique à l'agriculture.

Devant tant de possibilités, tenter de calculer des prix au gramme, des valeurs alimentaires et des rapports qualité-prix est un parcours quasi impossible. Très vite, vous serez totalement perdus à lire les allégations santé, la valeur nutritionnelle, les certifications diverses, l'autopublicité et le renvoi à d'autres produits, déboussolés en lisant les indications d'origine, étonnés par ce qui s'autoqualifie de nouveauté, et désespérés, si vous avez plus de 50 ans et avez oublié vos lunettes !

Au Québec, trois grandes chaînes d'alimentation: Loblaws-Provigo, Sobeys-IGA et Metro se disputent votre fidélité. Elles distribuent environ 70% des produits alimentaires. Ceux que l'on appelle magasins généraux, ces magasins du troisième millénaire (Wal-Mart, Costco, pharmacies, etc.), progressent dans le paysage alimentaire. À l'échelle de la planète, leur pouvoir s'étend, notamment à travers leurs marques privées: la vente de repas préparés, de fromages, d'œufs, de biscuits et biscottes, de légumes en conserve et surgelés, etc. fait maintenant partie de leur stratégie commerciale.

Selon les chiffres du *Bottin statistique 2006 de l'alimentation* publié par la direction des études économiques, scientifiques et technologiques du ministère de l'Agriculture, des Pêcheries et de l'Alimentation du Québec, ces marques associées à l'enseigne représentaient 30% des repas surgelés, la moitié du beurre et des œufs, près du tiers du fromage cheddar. Cette même année, elles totalisaient un peu moins de 20% des ventes pour les 20 produits répertoriés. Leur place dans les comptoirs des épiceries européennes est encore plus grande.

«Au cours des deux dernières décennies, au Québec comme au Canada, on a assisté à un phénomène de concentration et de consolidation de la distribution alimentaire qui rend la concurrence encore plus vive. La difficulté d'accès au marché s'est accrue, notamment pour les petites et moyennes entreprises de transformation qui n'ont pas toujours la capacité de fournir les volumes requis par les grands réseaux de distribution. De plus, les centres de décision stratégique de la distribution sont maintenant, pour une bonne part, situés à l'extérieur du Québec[43].» C'est le constat posé par la Commission sur l'avenir de l'agriculture et de l'agroalimentaire au début de 2007, au moment du lancement des travaux par son président, Jean Pronovost. La concentration de la distribution, c'est le regroupement des centres de décision et des produits, dans des lieux précis à partir desquels tout repart vers les points de vente.

---

43. Allocution de présentation des travaux de la Commission sur l'avenir de l'agriculture et de l'agroalimentaire au Québec, janvier 2007. Voir le rapport publié en 2008, au www.caaaq.gouv.qc.ca.

ABÉCÉDAIRE DE LA TRANSFORMATION DES ALIMENTS

L'industrie alimentaire a pris beaucoup de place dans nos vies. De l'eau aux boissons de toutes sortes, des entrées aux desserts, en passant par les soupes, les salades et leurs assaisonnements, les plats cuisinés, les rôtis assaisonnés, bien peu d'aliments n'ont pas de version usinée. Et à ces propositions de base s'ajoutent les « sans gras », « sans sucre », « sans sel » et tous ces autres produits auxquels on ajoute du calcium, des fibres, des oméga-3, etc., autant d'ajouts ou de retraits qui font exploser cette offre déjà abondante. Signe, selon certains, de marchés saturés qui n'ont d'autre choix que de s'affirmer, de distinguer leurs produits de ceux de la concurrence, en générant cet afflux de propositions diverses pour se maintenir.

Prenons le petit-déjeuner en exemple. Pour les jus seulement, en plus des variétés, vous avez le choix de boire vos oranges après que l'on ait retiré la pulpe (pour l'ajouter aux jus qui en contiennent plus probablement). Vous trouvez des jus additionnés de calcium et enrichis en fibres. Vous les choisissez au comptoir réfrigéré ou encore congelés et, si vous le préférez ainsi, à la température de la pièce. En format individuel, ou de plus grande taille. Puis, vous avez l'embarras du choix devant toutes ces sortes de céréales, non pas les brutes qui sortent de terre, mais ce qu'elles deviennent au fil de la transformation : formules prêtes à manger, bio ou non, sucrées ou non, fruitées ou non, enrichies ou non, généralement sucrées et coûtant plus cher que le pain ! Ce dernier se décline aussi de multiples manières… que vous pourriez facilement accompagner de dix sortes de beurre ou de margarine et d'un choix encore plus impressionnant de marmelades, confitures, tartinades, etc. Vous souhaitez des protéines ? Le beurre d'arachides se vend nature, salé, sucré, crémeux ou contenant des morceaux d'arachides. Si vous préférez le beurre d'amandes ou de noix, libre à vous ! Vous aimez les œufs ? Là encore, c'est l'embarras du choix : de 4 à 5 sortes. Même chose au rayon des viandes où vous attendent des cretons de porc, de veau, de dinde, de poulet… Les 3 types de lait d'hier se sont multipliés, diversifiés. Tout comme le café, le thé et les infusions ! Dès le matin, un choix étonnant qui, si on voulait prolonger l'exercice, se répéterait pour les autres repas de la journée.

Ce système complexe a ses recettes et son langage. Ingrédients, nutriments, ajouts se succèdent sur le tableau nutritionnel et les allégations de l'emballage. Dans cet univers, le sel s'appelle sodium, la vitamine C, acide ascorbique, le sucre devient sirop de glucose, de fructose, etc. Naturels, artificiels, synthétisés, ils font partie de notre vie quotidienne.

À partir de 26 mots associés à l'industrie alimentaire, j'ai bâti un abécédaire. Et juste à côté, j'en ai imaginé un autre qui se compose de mots gourmands. Deux mondes, deux modes de vie juxtaposés : industriel et personnel.

Industriel	Personnel
Arômes : Ce que nous percevons en humant et en goûtant les aliments. Ils s'en dégagent naturellement. L'industrie accentue leur présence dans les formulations, par l'ajout de saveurs naturelles ou artificielles.	**Aliment** : Ça peut être très simple. Ça nourrit, ça fait du bien au corps et à l'âme…
BHA : L'hydroxyanisole butylé est un additif alimentaire. Il a des propriétés antioxydantes ; il empêche les matières grasses de rancir au contact de l'oxygène. Il est utilisé, de manière courante, par l'industrie agroalimentaire.	**Beauté** : Les premiers radis. Les tomates en été. Les marchés d'automne, les couleurs des plats d'hiver, la table que l'on prépare avec soin. On mange d'abord avec les yeux !
Colorants : « Rendent les aliments plus appétissants. Divers facteurs tels que le traitement, l'entreposage et les variations saisonnières peuvent produire une couleur peu attrayante ou inhabituelle. » C'est la définition trouvée sur le site de Santé Canada. On les trouve dans la nature (vous avez déjà râpé des betteraves, trié des framboises ?) et on les synthétise. Il arrive que certains d'entre eux fassent la manchette pour leur impact sur la santé (et qu'on les retire du marché).	**Cuisine** : Celle qu'il nous faut réapprendre en la simplifiant, donne du plaisir et nourrit de sens, de valeurs et d'énergie !
Dextrose : Une autre appellation pour le glucose. C'est du sucre rapidement absorbé par l'organisme. Il sert, entre autres, à la confiserie.	**Débrouillardise** : Une vitamine à administrer aux néo-cuisiniers. Faire cuire un poulet, c'est pas plus compliqué que naviguer sur Internet où, justement, on peut trouver des recettes !
Édulcorants : Ce sont les « agents sucrants ». Ils contiennent (ou non) des calories. Aspartame, saccharine, sirop d'érable et miel en sont des exemples.	**Échanges** : Je multiplie par quatre une recette ; trois autres personnes font de même. On échange les plats ! Quatre menus différents et une joyeuse corvée par maison !

Le biscuit

Industriel	Personnel
Fortification : La plus récente ? L'ajout d'acide folique à la farine pour prévenir certaines malformations congénitales. On ajoute aussi de l'iode au sel de table, de la vitamine D au lait. Il n'y a que peu d'aliments fortifiés, par voie de législation, dans notre alimentation. Ils préviennent des carences graves.	**Facilité** : Préparer une petite assiette de fruits pour les enfants le matin : pomme en quartiers, en compote, bleuets dans un sirop léger. Chauffer un plat de gruau sur la cuisinière. C'est facile. Ça coûte moins cher, ça sent bon dès le réveil et ça démarre la journée à table !
Glutamate monosodique (GMS) : Un additif alimentaire, le plus commun des rehausseurs de saveurs. Très utilisé dans la cuisine asiatique et par la restauration rapide. « Il ajoute un cinquième goût appelé umami, qui rappelle le goût d'un bouillon ou d'une viande*. »	**Granolas** : Si simples à cuisiner à la maison où on contrôle le sucre et les matières grasses. À consommer modérément sur du yogourt (nature) avec des fruits frais ou nos petits fruits déshydratés ou congelés.
Huile : Forme liquide de plusieurs matières grasses d'origine végétale ou animale. Les directives s'accumulent pour réduire la présence des huiles hydrogénées dans l'alimentation industrielle.	**Haricots secs** : Excellents substituts de la viande, ce sont des sources extraordinaires de protéines. Le Canada est un des plus grands exportateurs de haricots secs au monde. À expérimenter dans vos potagers !
Irradiation : Bien qu'autorisée pour les pommes de terre, les oignons, le blé et quelques autres aliments, on y recourt essentiellement pour la conservation des épices entières et moulues. Le gouvernement fédéral envisage d'étendre son autorisation à la viande hachée, au poulet cru, aux crevettes et aux mangues. L'irradiation est réclamée comme procédé de désinfection (dans le cas des mangues) ou d'élimination de bactéries pathogènes dans la viande. Elle a aussi pour effet de prolonger la durée de conservation. Le procédé est controversé.	**Inspiration** : Se laisse quelquefois désirer quand on fait la cuisine tous les jours. Heureusement, les livres, les sites Internet, les conversations de bureau, les marchands bavards sont là pour nous inspirer.

* Voir : www.extenso.org

Goût du monde ou saveurs locales ?

Industriel	Personnel
Jus : Selon la réglementation canadienne, un produit qui n'est pas pur à 100 % ne peut s'appeler jus. On parlera alors de boisson ou de punch. 125 ml (1/2 t) de jus équivalent à 1 portion de fruits	**Justice** : Il y aurait assez de terre à cultiver, d'aliments à récolter pour nourrir tous les humains de la terre. À condition de redistribuer équitablement les moyens de produire, d'améliorer l'accès aux marchés et d'accorder, à tous les peuples, le droit à la souveraineté alimentaire.
Kilocalorie : Une unité de chaleur qui équivaut à 1 000 calories. « La Calorie est l'unité de mesure utilisée pour déterminer la quantité d'énergie que les aliments procurent à l'organisme*. »	**Kilos en trop** : Le mal du siècle, dans les pays industrialisés, à l'origine d'une partie de la remise en question de l'alimentation contemporaine.
Lécithine : Extraite originalement du jaune d'œuf. Dans le langage de l'industrie, c'est un émulsifiant, une substance qui permet de lier la matière grasse et la matière aqueuse. C'est l'effet du jaune d'œuf dans la mayonnaise maison !	**Lait** : Maternel, de brebis, de chèvre, de vache… Au fait, le lait de soya est-il vraiment du lait ? Pourquoi entretenir la confusion alors que le mot boisson regroupe tous les liquides qui se boivent ?
Marketing : Pas seulement pour la grande industrie, mais aussi pour les artisans de notre alimentation. L'art de produire doit être lié à l'art de faire connaître et à celui de vendre. Et il importe de maîtriser les trois étapes et de les répéter si on veut rester en affaires !	**Merci** : Un mot tout simple à inviter à table ! Merci de me donner à manger, de préparer mes plats préférés. Merci d'avoir les moyens de manger sainement et de vivre dans l'abondance, malgré la froidure !
Nutraceutiques : La contraction de nutritif et pharmaceutique : « Produit fabriqué à partir de substances alimentaires, mais rendu disponible sous forme de comprimé, de poudre, de potion ou d'autres formes médicinales habituellement non associées à des aliments, et qui s'est avéré avoir un effet physiologique bénéfique ou protecteur contre les maladies chroniques**. »	**Navets** : Rutabagas et tous les légumes d'hiver. De l'ail aux topinambours, on en compte facilement une bonne vingtaine à conserver dans des chambres froides. Sans compter toutes leurs déclinaisons colorées !

* Voir : www.extenso.org
** Voir : www.granddictionnaire.com

Industriel	Personnel
Oméga-3 : On en met un peu partout. Et quand les poules picoraient n'importe quoi, que les vaches bouffaient l'herbe des prés, les œufs, comme le lait, en contenaient naturellement. Ce qui est le cas de certains produits marins !	**Oseille** : origan et combien d'autres plantes potagères et de fines herbes à cultiver en bacs, en pots, en terre pour les garder à portée de la main, près de la cuisine ?
Palatabilité : « Agréable au palais », dans le langage des fabricants d'aliments. C'est tout ce qui caractérise la texture de l'aliment : la sensation en bouche, l'onctuosité.	**Plaisir** : On risque de l'oublier à fractionner les aliments en nutriments, taux d'émission de gaz à effet de serre, certifications de toutes sortes.
Quatre-vingt : C'est le nombre de pays où on trouve des franchises KFC, avec 11 000 restaurants sur la planète. Comme les autres grandes chaînes (McDonald's, Burger King), ses enseignes se déploient partout. À l'opposé, on trouve des indépendants, des petits restaurateurs qui s'approvisionnent localement, cuisinent et vendent leurs aliments dans la rue, les gares, les parcs. À l'échelle du monde, ils offrent une extraordinaire variété d'aliments. Une organisation internationale* se bat pour que perdurent ces commerces de rue qui contribuent à la diversité alimentaire.	**Quinoa** : Plante de la famille des épinards, ce n'est pas une céréale. Consommé depuis toujours sur les plateaux andins, il doit une partie de sa popularité actuelle à la préoccupation santé. C'est également un des produits phares du commerce équitable. Un délice.

* Voir : www.streetfood.org

Goût du monde ou saveurs locales ?

Industriel	Personnel
Réaction allergique : La hantise d'un nombre grandissant de personnes. Selon Santé Canada, « on estime à 600 000 le nombre de Canadiens qui souffrent d'allergies constituant un danger de mort et leur nombre est en hausse, surtout chez les enfants ». Chez ces derniers, les réactions allergiques sont principalement dues aux produits alimentaires. Voilà pourquoi tout un système d'alerte s'est mis en place. Plusieurs entreprises ont choisi de bannir les substances allergènes, telles les arachides, de leurs installations.	**Réalité** : Trois milliards de personnes vivent avec moins de trois dollars par jour. La moitié de ces personnes connaissent des carences alimentaires graves. Incapables de concurrencer les prix des denrées étrangères sur leur propre marché, les paysans des pays en développement sont particulièrement touchés par la famine.
Sulfites : Un dérivé du soufre. Un agent de conservation utilisé dans presque tous les vins, y compris ceux produits en régie biologique. On les utilise aussi pour la conservation des fruits secs. Certaines personnes y sont très sensibles.	**Sécurité alimentaire** : De la nourriture de qualité, disponible régulièrement et en abondance pour tous les êtres humains. La souveraineté alimentaire est le droit des peuples de mettre en place leurs propres politiques alimentaires. Le concept a été mis de l'avant par l'organisation paysanne Via Campesina et prône l'agriculture familiale, vivrière et locale.
Titane (dioxyde de) : Un pigment blanc. Utilisé pour obtenir l'opalescence de certaines substances à l'allure translucide.	**Tarte tatin** : Un clin d'œil au talent de Pierre, mon compagnon de vie, de jardinage et de cuisine. Des pommes bien mûres, du sucre caramélisé, une pâte au beurre… Un plat de fête.

Le biscuit

Industriel	Personnel
Usine : 1 500 entreprises emploient 70 000 salariés. Voilà le portrait du secteur de la transformation alimentaire québécois. « En 2006, les ventes totales de la transformation alimentaire s'établissaient à 17,9 milliards de dollars, ce qui constitue 12,7 % de l'ensemble des livraisons manufacturières du Québec*. »	**Ustensiles** : D'autocuiseur à zesteur se cache un autre abécédaire (avec le wok pour le difficile W). Au couvert utilisé tous les jours : couteau, fourchette, cuillère, s'ajoutent les baguettes !
Valeur nutritive : Un tableau que vous avez sous les yeux chaque fois que vous tenez un aliment transformé entre vos mains. Il n'est pas aussi complexe de l'autre côté de l'Atlantique !	**Vitamines** : En pensant aux autochtones qui, sans même savoir que ça s'appelait des vitamines, avaient bien compris que la forêt cachait ce qui allait sauver les Français victimes du scorbut.
Wagon : Un faible pourcentage d'aliments, une fois transformés, sont chargés à bord des trains. Selon Statistique Canada : « Les biens qui voyagent par avion utilisent plus de quatre fois la quantité d'énergie selon le poids, que celle utilisée dans le transport routier, près de 40 fois plus d'énergie que le transport ferroviaire et plus de 44 fois plus d'énergie que le transport maritime**. »	**Wasabi** : La plante et son produit. Il s'agit d'une plante de la famille des crucifères dont on râpe la racine. Traditionnellement cultivée au Japon dans des bancs de sable constamment arrosés, elle pousse également dans des terreaux plus conventionnels (et coûte moins cher à produire de cette manière). Si vous souhaitez tenter l'expérience, Richter's, une entreprise ontarienne spécialisée dans les herbes de toutes sortes, en propose des plants.
X 2 : La consommation d'eau embouteillée a doublé en Chine entre 1998 et 2003 selon Agriculture et Agroalimentaire Canada. Pour dépasser 9 milliards de litres.	**X 1,65** : C'est le taux de progression du nombre de fermes laitières bio du Québec de 2002 à 2007 (de 46 à 76). La poussée devrait se maintenir.

* Rapport de la Commission sur l'avenir de l'agriculture et de l'agroalimentaire au Québec, *Assurer et bâtir l'avenir*, 2008, p. 98.
** Dorff, Erik et Ngo, Minh, *À la croisée des chemins : l'agriculture canadienne et les mouvements des aliments*, Statistique Canada, 2008.

Industriel	Personnel
Yogourt : Du lait, des ferments lactiques, du temps… c'est prêt! Près des deux tiers des yogourts évalués par une étude de *Protégez-Vous* renfermaient plus de 10 ingrédients. Certains, jusqu'à 20 !	**Yuzu** : Petit agrume originaire de la Chine, croisement d'une mandarine sauvage et d'un autre citrus. Son zeste est particulièrement parfumé.
Zéine : Produite à partir du grain de maïs, elle est utilisée en alimentation pour enrober les bonbons et les fruits. C'est une protéine végétale.	**Zucchini** : Et toutes ces courgettes, pâtissons à pelure mince qui se mangent en été. Et ces courges, citrouilles et potirons protégés par une pelure qui leur sert d'enveloppe de protection en hiver. À garder dans les maisons… pour faire durer la récolte jusqu'au printemps !

Une autre forme de nouveauté !

Ah ! On en a des légumes,
Des carottes, pis des naveaux
Des betteraves, pis des poireaux
Ah ! Oui on en a des beaux choux,
Des patates, pis des tomates
On en a des rouges et des vertes.
Quand le printemps est arrivé
Y'a commencé à chanter :
Venez voir mes échalotes
Y manque pas des choux là-bas,
Des radis, pis de la salade,
Des patates, de la rhubarbe,
J'ai du vrai sirop d'érable
Fait avec de la cassonade…

La Bolduc[44]

On entend assez régulièrement certains transformateurs et des producteurs artisans se plaindre d'avoir du mal à écouler leurs produits dans leur propre région, déplorant le fait que le système de la grande distribution est

---

44. La Bolduc, Mary Rose-Anne Travers. « Le commerçant des rues », dans *La Bolduc. L'intégrale*, Disque compact. Analekta AN 2 7001-4.

incompatible avec leur volume d'affaires. Il est décevant qu'on ait autant de mal à trouver dans certaines épiceries ce qu'on cultive à côté. Je me rappelle avoir suggéré au gérant d'un supermarché de s'approvisionner en carottes marron, puisqu'on en cultivait à l'île d'Orléans. La semaine suivante, il y en avait dans le comptoir. Elles provenaient du Texas! Incorporer les aliments régionaux dans son panier de provisions hebdomadaire n'est pas si simple.

En Gaspésie, le chef Yannick Ouellet a vite compris que le terroir gaspésien était mieux connu et apprécié à l'ouest de la Vallée de la Matapédia, qu'à Gaspé. Pourquoi? Parce que les Gaspésiens n'étaient pas en contact avec la production locale. Si les produits de la région avaient trouvé leur place sur les bonnes tables des restaurants de la péninsule et dans quelques boutiques spécialisées de Québec et Montréal, ils n'étaient pas distribués, donc pas disponibles, dans les épiceries locales. «Avons-nous oublié que nos régions ont nourri pendant des années et nourrissent encore ces villes qui maintenant achètent au loin, appauvrissent nos agriculteurs qui ne peuvent fournir des légumes au prix du Mexique et disparaissent en nous laissant sans autre alternative que des marchés bondés d'aliments sans goût, sans intérêt, sans histoire? Même le poisson semble avoir oublié qu'il vient d'ici. On dirait maintenant que tous les produits doivent faire un détour par la ville pour être considérés comme des aliments propres à la consommation. Quand on vit au bout de la route, on hérite de produits qui n'ont plus rien d'attirant et ont perdu toute fraîcheur, malgré les apparences», déclare le chef Yannick Ouellet.

L'équipe de Gaspésie Gourmande, l'organisme régional de promotion et de développement de l'agroalimentaire, a récemment entrepris de mener son offensive de promotion de la production locale avec la collaboration des propriétaires de supermarchés. La directrice de l'organisme, Audrey Simard, explique qu'ils souhaitent voir leurs produits sur toutes les tablettes, près de leurs semblables: la confiture avec la confiture, le miel avec le miel pour prendre ces deux exemples, de manière à faire connaître et apprécier aux Gaspésiens ce qui se pêche, se produit et se cuisine dans la péninsule. Pour aussi faire comprendre qu'une part des emplois régionaux est liée à l'agroalimentaire. On trouve 55 entreprises spécialisées en Gaspésie et aux Îles-de-la-Madeleine; même si ce nombre se situe loin derrière les chiffres de

Les tomates cerises en grappes d'hiver.

la Montérégie, de Montréal et de Chaudière-Appalaches, il s'agit d'emplois précieux dans une région où le travail, en mer comme en forêt, n'est plus ce qu'il était.

Entreprenons une tournée gaspésienne gourmande; la liste vous surprendra. Champignons sauvages, fruits, légumes biologiques de toutes sortes (dont les tomates Symbiosis, cultivées dans les serres de l'entreprise Jardins-Nature de New Richmond, le plus grand producteur de tomates biologiques du Canada). Puis, de l'agneau, du bœuf, de la choucroute, quelques fromages et des produits de la mer, évidemment. La Gaspésie, comme d'autres régions québécoises, est le reflet du dynamisme de ses agriculteurs, producteurs artisans et industriels de la transformation.

Ce phénomène ne touche pas que la péninsule. Regardez autour de vous, observez ce qui a surgi de l'imagination et du travail de maraîchers, de jardiniers, d'éleveurs, de fromagers, de cuisiniers, d'industriels… Des centaines de petites et grandes initiatives de valorisation des aliments ont vu le jour ces dernières années. Cent trente producteurs de boissons artisanales, des centaines de fromages fins qui font la réputation du Québec, des éleveurs de bœuf regroupés sous des marques de commerce et qui partagent des cahiers des charges (des règles communes de production), de nouveaux charcutiers, nous pourrions allonger la liste de ces initiatives. Tous ces légumes-feuilles dont on ne connaissait même pas le nom, il y a dix ans, comme la roquette ou le mesclun, ces courges aux jolis noms : pâtisson, turban turc, ces légumes oubliés, comme le panais, la betterave, toutes ces canneberges séchées, transformées, ces tisanes du Grand Nord se pointent dans les assiettes. Elle est là, la nouveauté. L'objectif maintenant est de rafraîchir le système de vente au détail, de manière à lui laisser une place au moment des achats de tous les jours.

Pour Jacques Mathé, économiste agricole en Poitou-Charentes qui visite régulièrement le Québec et qui connaît bon nombre d'agriculteurs, ce dynamisme est exceptionnel. Ce qui se passe en ce moment donne à la production de proximité une dimension nouvelle, différente de ce qui se voit en France et qui trouve des échos de l'autre côté de la frontière, aux États-Unis. Le Nouveau Monde est à construire sa propre définition du terroir.

L'AMBASSADEUR GAÉTAN TESSIER

Dès qu'il a un peu de temps, il se fait plaisir en allant les visiter. Il parle de « ses producteurs ». Il lui arrive même, pendant ses vacances d'été, de participer aux travaux de la ferme. Histoire de savoir comment ça marche. Quand il a bien compris, il retourne à ses chaudrons.

Gaétan Tessier, chef cuisinier, formateur au Centre de formation Relais de la Lièvre-Seigneurie, dans l'Outaouais, et lauréat de nombreux prix, est un des ambassadeurs des agriculteurs de sa région. Il ne fait pas que mettre leurs produits sur sa table, il met au point des recettes, des méthodes de transformation, suggère, influence autant qu'il le peut. « Il arrive que les producteurs ne réalisent pas toujours la beauté de leur produit. Alors, j'ai une certaine fierté à montrer la richesse de mon terroir. Et c'est à mon avantage de les aider. De cette façon, je m'assure de la pérennité de leurs entreprises. Je tente d'inculquer cette philosophie à mes finissants pour qu'ils connaissent le labeur qui se cache derrière un fromage, un gigot d'agneau. »

Gaétan Tessier ne fait pas que fréquenter sa région ! Il se fait un devoir de participer aux travaux de Terra Madre, la rencontre des communautés nourricières, organisée tous les deux ans à Turin par Slow Food. Il aime cette organisation qui met sur le même pied chefs, gourmets, artisans et industriels. Il y croise des gens de partout, qui parlent un même langage, celui d'une cuisine simple, accessible, axée sur le goût.

Pour que ce mouvement s'inscrive dans la durée, des solutions de valorisation et de mise en marché devront se déployer. Il y a, de tous les côtés, des gestes à poser et des occasions à saisir. « Il y a un espace pour des initiatives où des petits producteurs et commerçants pourraient fort bien contribuer à la lutte aux inégalités sociales de santé, tout en y trouvant leur compte sur le plan économique », pour revenir au rapport de l'Agence de la santé et des services sociaux de Montréal cité plus haut. Pour paraphraser celui-ci, il y aurait aussi un espace pour des initiatives où des producteurs et des commerçants pourraient s'entendre pour aplanir les difficultés qui marquent généralement l'arrivée des aliments cultivés localement dans les épiceries.

Rêver autrement, imaginer autre chose, on peut parier que c'est ce que les initiateurs du programme Agriculture soutenue par la communauté (ASC) ont fait. Depuis le début de ces jumelages entre partenaires et agriculteurs, plus de 30 000 personnes (familles, couples, personnes seules) profitent, pendant tout l'été, d'un panier hebdomadaire de produits frais. L'agriculteur voit ses revenus assurés en signant un contrat avec une clientèle qui paye à l'avance. Le client obtient, pour sa part, sa provision de produits et s'engage du même coup auprès d'une entreprise agricole. On lui demande aussi de donner un coup de pouce à la ferme lors de corvées. Équiterre, mouvement citoyen de défense de l'environnement, est responsable de la logistique, de la formation et des échanges de ce système de vente directe. De son côté, l'Union paysanne a annoncé, dans les derniers jours de 2008, la mise sur pied d'un programme similaire.

Des modèles semblables existent ailleurs. En France, l'Association pour le Maintien d'une Agriculture Paysanne (AMAP) s'est établie sur les mêmes bases. « Les consommateurs choisissent avec l'agriculteur les légumes à cultiver, le prix de la souscription et les modalités de distribution des produits. » Le travail à la ferme est plus fortement encouragé là-bas. Selon Jean-Pierre Corbeau, professeur de sociologie de la consommation et de l'alimentation à l'Université François-Rabelais de Tours et cofondateur de l'Institut français du goût : « Nous avons affaire à un phénomène de cohorte. Pour ces clients, souvent d'anciens contestataires, il s'agit d'une nouvelle forme de militantisme. On va offrir de son temps, idéalement à vélo, pour désherber, sarcler des salades. C'est un nouveau rapport au terroir. On redonne du sens à ses actions, en refusant ce qu'on refusait il y a quarante ans. » Faut-il s'étonner qu'on trouve, parmi les jeunes clients, bon nombre de personnes qui refusent aussi le modèle mondialisé ?

Tous les responsables de ces systèmes de vente directe disent la même chose : la demande dépasse largement l'offre. À travers ces fermes, généralement petites, de nouvelles solidarités se créent. Mais les défis de ces agriculteurs sont énormes. Pour plusieurs, sous-équipés au démarrage, il faut mettre les bouchées doubles. De plus, planifier pour obtenir des quantités suffisantes pour toute sa clientèle, produire des dizaines de variétés de légumes à la fois est complexe. Ce type de travail, conjugué au manque de moyens techniques, peut en forcer plusieurs à abandonner après quelques années. Pour cause d'épuisement. Certains toutefois s'en tirent bien. À toutes ces contraintes s'ajoute la variabilité du climat. Quand pluie ou sécheresse durent trop longtemps, c'est la température qui vient à bout de la détermination des jardiniers qui voient s'essouffler l'enthousiasme de leurs clients.

À l'extérieur de ce réseau organisé, d'autres éleveurs, tout comme des maraîchers, comptent sur la vente directe pour établir des ponts avec le consommateur. Sans trop de mal, on arriverait aujourd'hui à commander de la viande ou des fromages via Internet. Il y a sans doute, là aussi, de la place pour faire encore plus.

Les marchés publics sont d'autres exemples révélateurs de ce retour à la terre, par agriculteurs interposés. On en a revampé quelques anciens et créé de nouveaux. Les visiter pour s'y approvisionner, de façon régulière, s'intègre progressivement dans les habitudes d'achat.

Les marchés fermiers vont-ils progressivement se transformer? Selon les spécialistes et les observateurs, un même écueil guette tous ces producteurs marchands en ce moment : d'abord celui de la main-d'œuvre à la ferme, puis celui de la main-d'œuvre au marché et la difficulté, pour qui transforme ses produits, de trouver… de la main-d'œuvre! De plus, mener ces trois activités en parallèle relève de l'exploit! Pour que l'élan soit viable, il y aura donc des solutions à inventer dans un avenir rapproché.

Verrons-nous les marchés s'étaler dans les quartiers urbains, se faire nomades pour se poser, une ou deux fois la semaine, dans un quartier et repartir quelques heures plus tard? Assisterons-nous à des regroupements de maraîchers qui confieront la vente au plus volubile? À des livraisons de paniers d'aliments frais sur les lieux de travail? Maraîchers, artisans, vendeurs

WOLFVILLE, UN MARCHÉ MODÈLE, MÊME EN HIVER

J'arrive à Wolfville en pleine tempête de neige. Rien ne dit que le marché aura lieu le lendemain. Et pourtant, il y aura autant de gens qu'à l'habitude. La ville est belle, animée par tous ces étudiants, dont plusieurs sont venus de l'étranger pour étudier à l'université Acadia. On trouve des aliments bio un peu partout, et des restos animés. La première brûlerie de café équitable du Canada a vu le jour dans la région.

Wolfville, encore plus beau l'été !

Samedi, alors que le jour se lève à peine et que tous les stationnements de la ville sont déserts, celui d'un des pavillons universitaires se remplit. À l'intérieur, on a monté des tables. Dès l'arrivée, ce sont des montagnes de pain qui nous accueillent. Jeannine Riant passera l'avant-midi, avec quelques vendeuses, à écouler plusieurs centaines de pains. Son mari a boulangé toute la nuit. Les visites de marché font maintenant partie de la routine de la boulangerie La Vendéenne, située à Mahone Bay, près d'Halifax.

Puis, on trouve quelques mets indiens cuisinés par une restauratrice de la ville ; une autre offre de la soupe, ailleurs, on fera provision de desserts. Pâtisseries fines, biscuits, gâteaux. On y achète aussi des fromages, du vin, de la viande, des légumes… presque tout ce qu'il faut pour remplir le panier hebdomadaire.

À 14 heures, le bâtiment retrouve son calme. Tout le monde est reparti. Une productrice de fromage me dira qu'ils en étaient à envisager la vente de leur troupeau laitier. La vente directe les a sauvés et a encouragé leur fils à prendre la relève.

À la manière de Diane Séguin, qui coordonne ces marchés qui apparaissent toutes les fins de semaine d'été et à Noël dans certains villages du nord de Montréal, la formule exige moins de temps pour les producteurs. Et il semble que ça fasse l'affaire des mangeurs… Là aussi, les allées sont remplies et les paniers débordent !

accepteraient-ils de se regrouper pour créer de nouvelles alliances (du type je produis, tu transformes, il vend)? Voilà des solutions d'avenir, mentionnées par quelques acteurs de ce renouvellement, au cours de la recherche.

Le Ferry Plaza Farmers Market de San Francisco remportait en 2008 la plus haute distinction environnementale de l'État de Californie pour ses initiatives de compostage, de récupération et recyclage, de remplacement de l'eau embouteillée par l'eau municipale, etc. Installé dans un bâtiment qui donne accès aux traversiers, le Ferry Plaza Farmers Market attire des milliers de personnes chaque jour. Deux fois la semaine, les agriculteurs viennent y vendre leurs produits à l'extérieur alors que tous les jours de la semaine, on trouvera à se dépanner ou à se restaurer à l'intérieur du bâtiment. On peut y attraper un contenant dans lequel on trouve tous les ingrédients d'un plat qui restera à cuisiner à l'arrivée à la maison. Le prêt-à-apprêter pour gens pressés. Un exemple de cette logique marchande qui veut que le commerçant s'adapte à la réalité et aux habitudes de vie de sa clientèle.

Dans toutes ces initiatives, ce qui ravit l'économiste Jacques Mathé, c'est le travail effectué par les agriculteurs auprès des consommateurs: on fournit des recettes, on recueille les commentaires de ses clients pour s'améliorer la saison prochaine. Un sens de la vente qu'il ne voit pas aussi souvent chez lui, en France. «Je me régale de la beauté des étalages du marché Jean-Talon à Montréal, du travail sur la présentation et la couleur, je suis frappé par l'allure des marchés publics, de tout ce qui se passe chez plusieurs de vos producteurs-transformateurs en ce moment. Alors que les marchés français s'essoufflent, se cherchent, vous êtes en train de créer du neuf, plus préoccupés par le marketing, capables de transformer le lait de chèvre en fromages et en savons! Ce qui, chez nous, est impensable dans l'esprit de ceux qui restent accrochés à la tradition.» Voilà un autre aspect de notre différence.

Christine Aubry, ingénieur de recherche hors classe à l'Institut national de recherche agronomique (INRA), constate par le biais des travaux qu'elle mène à Paris et à l'étranger, cet intérêt pour le frais, la vente directe, le rapprochement. «Mais si la demande croît, la production ne suit pas au même rythme; plusieurs maraîchers abandonnent et ceux qui tiennent le coup aux abords des villes doivent affronter la pression foncière, les problèmes de main-d'œuvre, etc. Si ce n'était que de la volonté des mangeurs, il y en aurait beaucoup plus.»

Dans tous ces gestes d'achat se révélerait, aux dires des spécialistes, une quête de sens et de sécurité. Les crises alimentaires, en particulier du côté de l'Europe, ont engendré des crises de confiance. Dans l'esprit des mangeurs, un produit de qualité doit forcément venir de quelque part. «On dirait que la viande goûte meilleur quand on sait d'où elle vient», pour reprendre des mots entendus au cours de la recherche. C'est un «modèle de plaisir qui remplace un modèle de nécessité. On ne va pas acheter à la ferme parce que c'est moins cher, mais parce que c'est lié à l'image du plaisir et à celle de la qualité». Par besoin de connaître mieux ce qu'on mange. Parce qu'on veut soutenir une agriculture, un mode de production qui se distinguent du courant dominant. Le plaisir de croiser quelqu'un qui peut nous dire ce qu'il fait et pourquoi; quelqu'un qui peut parler sans se lasser de ses pommes, de ses salades comme des insectes qui les menacent. Le modèle n'est pas parfait et l'autre (industriel) n'a pas que des défauts. Il faut reconnaître la remarquable efficacité de celui-ci. Disons simplement qu'il y a des avantages certains à la pluralité.

Dans plusieurs régions du Québec, on trouve de plus en plus d'épiciers prêts à mettre en valeur les aliments des alentours. L'Estrie, la Mauricie, Québec et d'autres régions ont vu surgir des propositions de livraisons directes d'aliments aux consommateurs. Ces écomarchés, souvent des initiatives des groupes de défense de l'environnement, fonctionnent grâce à Internet. On va chercher ses aliments au moment convenu.

Provisions d'hiver.

LE BLÉ DU QUÉBEC OUI! LE PAIN DU QUÉBEC AUSSI!

Robert Beauchemin fait sans doute partie de ceux qu'on peut qualifier de déterminés. Producteur de céréales depuis maintenant 30 ans, il éprouve au départ des difficultés à faire moudre ses céréales. Vite, il décide de construire un moulin à farine pour résoudre le problème. La Milanaise (parce qu'établie à Milan… en Estrie) devient vite essentielle pour ceux qui cultivent, comme lui, en régie biologique. On y moud annuellement près de 11 000 tonnes de céréales.

Mais il n'allait pas s'arrêter là. En 2005, avec ses complices, il part à la recherche de semences de blé adaptées aux conditions climatiques québécoises. «En fouillant dans les réserves, nous avons trouvé des bijoux de la génétique», dit-il. Pour ces entreprises et organismes qui s'étaient jusque-là surtout intéressés aux types de grains, aux rendements, on allait ajouter de nouvelles dimensions liées à la panification et à la saveur. «Est-ce que ce blé est bon en boulangerie»? C'est la question qui s'est posée naturellement.

Cultivé au Lac-Saint-Jean, dans Charlevoix, au Témiscamingue et sur quasiment toutes les fermes, le blé local avait été dépassé sur les marchés par les blés de l'Ouest. «Sur les 800 000 tonnes de grains transformés en farine au Québec, les agriculteurs québécois en récoltaient moins de 50 000», soit un peu plus de 6 %, d'expliquer Robert Beauchemin. Ces observations, combinées au souhait de Première Moisson de mettre en marché une baguette québécoise, allaient se traduire par la construction du Moulin de Soulanges, à Saint-Polycarpe. Un projet collectif.

À l'automne 2008, le pain de la boulangerie Auger de Saint-Jérôme est devenu le premier pain de consommation courante (non issu de la boulangerie artisanale) à porter le logo Aliments du Québec. La même année, 226 producteurs récoltaient du blé sans pesticides sur 5 600 hectares. Une démarche qui répond aux attentes d'un marché dont les acteurs veulent, pour la plupart, simplifier la liste d'ingrédients et ainsi produire mieux avec moins. Parce que du pain, c'est de la farine, du sel, de l'eau et un agent de levage (levure ou levain). Et du talent.

Faire autrement, c'est ça aussi.

Une New-yorkaise a attiré l'attention du *New York Times* après qu'elle ait construit une chambre froide pour conserver les légumes d'hiver. Un résident du Nord-Est des États-Unis s'est adressé, au cours de la campagne présidentielle, aux deux candidats pour leur demander d'aménager un potager sur le terrain de la Maison Blanche. Sa pétition a porté fruit; l'implantation du potager a été amorcée au printemps 2009. On note en ce moment un regain d'intérêt pour les potagers. Il faudrait cesser de considérer marginales toutes ces initiatives qui, additionnées, révèlent un désir certain de changement.

LE DÉFI DE LA MAUVE, DANS BELLECHASSE

C'est le pari fou d'une coopérative nouveau genre qui propose une vision originale de la coopération, à l'échelle d'un village et d'une région.

L'idée de la Mauve s'est amorcée en 1999, dans le village de Saint-Vallier sur la rive sud du Saint-Laurent. Quelques audacieux, préoccupés par l'avenir de l'agriculture et le développement durable, se sont inspirés du modèle de l'Agriculture soutenue par la communauté pour mettre au point un système d'approvisionnement destiné aux gens de la région, de même qu'aux résidents de Québec, situés à une cinquantaine de kilomètres à l'ouest. Après avoir signé un contrat d'approvisionnement, le consommateur obtient chaque semaine des provisions alimentaires. À la différence des paniers que l'on connaît et qui se concentrent sur les produits maraîchers, ceux de la Mauve contiennent, en plus, de la viande et des fromages, tous issus du terroir de Bellechasse.

La Mauve, c'est aussi une épicerie en plein village. Les produits sélectionnés, bio pour la plupart, reflètent la diversité régionale. Produits maraîchers, œufs, sirop d'érable, viandes (veau, bœuf, poulet, bison, agneau, etc.), jus de pommes, fromages, etc. Les producteurs agricoles sont étroitement liés au projet.

Plus au sud de la région, dans ces villages qui frôlent la frontière américaine, un autre type de réflexion sur l'approvisionnement voit le jour en ce moment. Préoccupés par la diminution du nombre de commerces alimentaires, inquiets de voir l'agriculture s'effriter, les marchés s'éloigner des producteurs et les commerces se distancer des consommateurs, les gens souhaitent remettre progressivement les produits de la région dans les épiceries de village. En se préoccupant des besoins quotidiens des résidents et en leur permettant de goûter ce que produit le voisin.

Aliments migrateurs

Notre question de départ – est-ce aux hommes ou aux produits de voyager? – n'est pas un paradoxe, et devrait amener à une réponse prudente; il est préférable que ce soient les hommes plutôt que les produits qui voyagent, mais à condition qu'ils se déplacent avec attention, en parcourant des itinéraires intelligents et en tentant de trouver dans une terre de nombreuses récoltes culturelles.

Carlo Petrini[45]

Si nous avons associé notre intérêt pour les cuisines du monde à l'Exposition universelle de 1967 à Montréal, il faut convenir que cet intérêt s'est enrichi depuis par l'arrivée d'immigrants, les voyages et la mondialisation. Nous nous sommes régalés de tous ces ailleurs et nous nous régalons encore. À Montréal, on fait ses courses à la chinoise, à l'italienne, à la nord-africaine, à la mexicaine, facilement. Hommous, tabouleh, wonton, prosciutto, guacamole sont connus. Pitas, tortillas et bagels sont devenus des pains du quotidien.

Ce qui nous éveille à la richesse de toutes ces cuisines peut s'associer au phénomène de la mondialisation. Cette même curiosité a permis à des agriculteurs de cultiver bok choy, pak choy, chou nappa, pendant que d'autres maîtrisaient la culture des haricots extra-fins, faisaient pousser des cerises de terre et des tomatillos. C'est aussi le cidre de glace, la valorisation des canneberges tout autant que le pâté chinois! L'autre forme de mondialisation – les Français parlent de *globalisation* – prend une autre allure: la même boisson, les mêmes friandises, le même fast food, partout. Et un commerce qui prend de l'expansion. Selon la FAO, sur les 670 milliards de dollars américains de produits agricoles qui ont été exportés dans le monde en 2005, près de 70% étaient des aliments. Les produits agricoles incluent les aliments pour les humains, les aliments pour animaux, le bétail ainsi que la plupart des produits dérivés et des légumes, notamment les peaux, les fibres et les huiles. Ils excluent le poisson, l'engrais et les articles comme la machinerie. Mesurée en prix constants de 2000, la valeur du commerce international de produits agricoles a augmenté de 23% entre 2003 et 2005.

Combiné à la concentration des entreprises, ce phénomène fait que plusieurs de nos aliments voyagent et parcourent de longues distances avant d'arriver dans nos assiettes. Pensez à l'eau embouteillée, aux fruits exotiques,

---

45. Petrini, Carlo, *Slow Food. Manifeste pour le goût et la biodiversité*. Gap, Éditions Yves Michel, 2005, p. 74-75.

à la viande. Sur leurs quatre pattes ou débités et prêts à manger, les animaux se promènent. Autre effet de la concentration : la diminution du nombre de races, encore une fois. « Ainsi, malgré les 6 000 races d'animaux d'élevage de bétail et de volaille et 10 000 espèces de plantes cultivées, seules trois races assurent aujourd'hui 98 % de la production mondiale bovine de viande et de lait, tandis que le riz, le blé, le maïs et la pomme de terre assurent 60 % des calories. » C'est ce qu'on peut lire sur le site de la Fondation Nicolas Hulot. Les campagnes de protection de la biodiversité tentent, tant bien que mal, de nous sensibiliser à ces pertes.

En réaction à cette mobilité des aliments, surgissait il y a quelques années le concept de *Food Mile*, par lequel on tente de calculer, en autant que faire se peut, la distance parcourue par un aliment, de la ferme à la table ou de la mer à l'assiette, en identifiant chacun de ses détours pour enfin établir le kilométrage parcouru et, selon le moyen de transport utilisé, son empreinte écologique. Par exemple, un poivron rouge qui voyage en avion pour arriver dans votre assiette, au beau milieu de l'hiver, est bien évidemment responsable de l'émission de quantités plus importantes de gaz à effet de serre que celui que vous cueillez l'été dans votre potager ou que vous allez acheter au marché à pied ou à vélo. L'expression *Food Mile* s'est rapidement modifiée chez nous en kilomètre-aliment. Finalement, le mot locavore est passé dans le vocabulaire pour identifier toutes ces personnes qui se préoccupent de distances et d'éloignement entre agriculteurs et consommateurs en favorisant l'achat local. On est donc locavore comme d'autres sont herbivores ou carnivores. Locavore (c'est le même mot en anglais) a été consacré mot de l'année 2007 par le *New Oxford American Dictionary*.

Pendant toute une année, Alisa Smith et J.B. MacKinnon ont adopté « la diète des cent milles » et choisi de ne manger que ce qui était issu, produit, dans un rayon de 160 kilomètres de leur maison située en Colombie-Britannique. « Ce n'est pas seulement le fait que notre nourriture franchit de grandes distances avant de nous atteindre ; nous nous sommes éloignés de notre nourriture. Cet intime apport alimentaire, cette source de vie, d'où ça vient ? Qui en est responsable ? Comment le sol, les récoltes, les animaux sont-ils traités[46] ? » (notre traduction)

---

46. Smith, Alisa et MacKinnon, J.B., *The Hundred Mile Diet, a Year of Local Eating*, Toronto, Vintage Canada, 2007, p. 6-7.

À proximité du Fraser, une des plus grandes rivières à saumon du monde, bordée de terres propices au jardinage, tout près du Pacifique et de ses îles accueillant vergers et vignobles, ils ont imaginé que leur assiette allait facilement se garnir. Trouver du sel, du blé, des aliments produits localement s'est avéré beaucoup plus complexe. Mais, ils ont réussi à se nourrir plus que convenablement, plus simplement et ont entraîné dans leur sillage un nombre impressionnant de mangeurs. Leur récit démontre qu'ils se sont progressivement éloignés du supermarché pour se rapprocher des agriculteurs et de la cuisine!

De son côté, la romancière américaine Barbara Kingsolver raconte avec humour, et tout le talent qu'on lui connaît, le déroulement de toute une année de cuisine axée sur la récolte de l'immense potager familial, la collecte des œufs du couvoir domestique, l'élevage de quelques animaux et la production du voisinage. *Un jardin dans les Appalaches* est un récit vif et gourmand. Le menu familial varié n'a rien d'une diète sévère, même dans un État américain où le froid et le gel freinent les élans pour le jardinage une bonne partie de l'année. «Bien des loisirs, du tricotage de pulls à la construction de maquettes d'avion ont sans doute une origine identique, le désir de contrôler tout un procédé de fabrication. Karl Marx a nommé ce désir l'antidote à l'aliénation. […] Pour ce qui est de l'alimentation, notre tâche monotone consiste maintenant à mettre des aliments fades dans notre bouche, sans aucune idée des étapes qui ont précédé. Il est donc logique que nous nous désintéressions de ce que nous ingurgitons. Quand je réfléchis au fait que les Américains mangent délibérément mal, j'en viens à cette hypothèse: l'aliénation alimentaire. Nous sommes incapables de ressentir comment et pourquoi ça nous fait du mal. En fait, nous mourons par manque d'antidote[47].»

La liste de toutes ces aventures alimentaires marquées par ce désir de proximité s'allonge. Celle de leurs détracteurs aussi. «Manger local prive des agriculteurs de pays en développement de revenus.» «On émet plus de carbone dans certains circuits courts qu'à travers des systèmes de transport efficaces et qui ont, comme le bateau, peu d'impact sur l'environnement.» «Il s'agit d'approches protectionnistes.» Du vrai, du faux et un appel à la nuance. Manger local signifie surtout un rapprochement avec les agriculteurs de sa région, un contact véritable avec les saisons, une façon de faire travailler son

---

47. Kingsolver, Barbara, *Un jardin dans les Appalaches*, Paris, Rivages, 2008, p. 191.

voisin. À l'étranger, qui est propriétaire de la terre ? Quelles sont les conditions de culture, les salaires ? Quels pesticides sont utilisés ? Plusieurs, bannis chez nous, circulent encore à travers le monde. Manger local ne signifie pas non plus le refus de se préoccuper des conditions de vie des agriculteurs d'ailleurs, pas plus que de refuser de consommer leurs aliments. Ce n'est surtout pas libérer les États de leurs obligations envers le développement international. Manger, c'est donner un sens au pays, au commerce, aux rapports humains.

PLUS D'EFFICACITÉ GRÂCE À DES DÉPLACEMENTS RAISONNÉS

Prendre sa voiture pour aller chercher sa caisse de pommes, pour économiser les gaz à effet de serre des pommes importées, risque fort de ne représenter aucun avantage environnemental.

Rapidement, nous perdons au change à nous déplacer individuellement, sans rationaliser nos transports. Une étude menée par la Chaire en éco-conseil de l'Université du Québec à Chicoutimi a démontré que le bœuf né, élevé, abattu, dépecé et distribué localement perdait ses avantages (environnementaux) sur la viande venue de loin quand, au moment de le consommer, l'acheteur décidait d'aller en acheter, disons un petit kilo, seul à bord de sa voiture.

Pour Claude Villeneuve, directeur de la Chaire, il importe de planifier nos déplacements. Faire ses courses en rentrant du bureau, profiter de la pause du midi pour compléter des achats près de son lieu de travail, établir des listes pour ne rien oublier, et partir à plusieurs cueillir des pommes en automne, voilà quelques idées écolos ! Repenser ses achats en fonction de l'environnement, c'est, forcément, repenser l'utilisation de sa voiture.

Si on veut savoir d'où viennent les ingrédients qui composent la recette de biscuits ou de tout autre plat industriel… bonne chance ! Les usines s'approvisionnent en denrées de base au rythme des exigences de la production. Les additifs proviennent du bout du monde. Les grossistes magasinent prix et saisons ! Le juste-à-temps s'applique donc pour tous ces aliments vivants, jusque dans les champs. Si on fait se côtoyer framboises locales et internationales, en plein cœur de la récolte c'est, nous dit-on, pour éviter la rupture. À ce rythme, il y aura toujours un autre ailleurs et sa température plus clémente, sa main-d'œuvre rémunérée selon d'autres barèmes, ses pratiques agricoles quelquefois douteuses. Le vivant est entré dans une chaîne qui semble calquée sur le modèle industriel du commerce des matériaux inertes. Plus rien ne reste de la fête des clémentines pour Noël, des fraises de la fin de l'école. L'exotisme, au jour le jour, finit rapidement par n'avoir plus rien d'exotique.

> ### « MES ALIMENTS ONT VOYAGÉ. »
>
> À l'automne 2007, à *La Semaine verte* (à la radio puis, à la télé), nous nous sommes intéressés à ce principe du kilomètre-aliment. Pendant près d'un mois, nous avons suivi une famille, les Leclerc-Poulin, jusqu'à l'épicerie, pour évaluer, avec Jacques Blanchet, écoconseiller au Bureau de la normalisation du Québec, la distance parcourue par les aliments achetés. Pour la première étape, nous n'avons fait qu'observer leurs habitudes, puis noté et photographié tous les achats et calculé, dans la mesure du possible, quelques distances. Première moyenne obtenue pour une partie des aliments (impossible à savoir dans plusieurs cas) : 5 000 kilomètres.
>
> Le défi posé pour la deuxième semaine : tenter, en scrutant l'étiquette, de trouver le lieu d'origine du produit, de connaître le moyen de transport utilisé, souvent le bateau jusqu'au port de Philadelphie ou de New York et ensuite le camion, pour les produits de l'hémisphère Sud. Pour la traversée du continent, de la Californie à l'épicerie locale, le camion. Nous avons suggéré aux Leclerc-Poulin de chercher toutes ces informations auprès des responsables de départements. Ce jour-là, faire l'épicerie leur a demandé deux fois plus de temps qu'à l'habitude. Ils sont rentrés à la maison épuisés. Nouvelle séance de photos, de prises de notes, de calculs : ils avaient réussi à réduire la distance parcourue à un peu moins de 1 000 kilomètres.
>
> Finalement, nous avons consacré tout un samedi avant-midi à visiter les boulangeries et les commerces spécialisés de leur quartier, puis nous sommes allés au marché public. Au bilan, nous avions encore réduit le kilométrage et de beaucoup. Mais ce que les Leclerc-Poulin ont retenu de l'expérience, c'est la qualité des échanges, le rapprochement avec leurs voisins commerçants et agriculteurs.

Quelques mois après cette aventure du kilomètre-aliment, j'ai croisé des étudiantes en agronomie, à l'Université Laval. Inspirées par le reportage, elles avaient fait leurs calculs pour établir la différence d'émissions de gaz à effet de serre pour une sauce spaghetti maison et une autre du commerce. La fabrication maison l'emportait ! Une autre comparaison, menée en France pour un hachis parmentier (si vous préférez : un pâté chinois !), montrait cette fois que la performance industrielle est meilleure, beaucoup plus efficace au plan énergétique. Le diable se cache même dans ces détails !

LE *PAS-ALIMENT*

Après le *Food Mile*, le kilomètre-aliment, pourquoi pas le *pas-aliment* ? La distance la plus courte est sans doute celle qui va de sa cuisine à son propre potager. Et si on ne croit pas qu'ici, on peut obtenir suffisamment de diversité, la visite de potagers situés au nord du 50ᵉ parallèle réussirait à convaincre le plus sceptique des résidents de la vallée du Saint-Laurent.

Dès que l'on traverse cette frontière qui décrète l'impossibilité de cultiver quoi que ce soit parce qu'il fait trop froid, on trouve une audace extraordinaire et des gens qui mangent ce qu'ils cultivent.

À Sept-Îles, la technique de permaculture (une méthode qui évite les labours et qui permet de réchauffer rapidement la terre au printemps) et la plantation de brise-vents facilitent le jardinage pour des dizaines de personnes. À Anticosti, on cultive en se battant avec la gourmandise des chevreuils. De la Haute à la Basse-Côte-Nord, on voit, comme autour de la Gaspésie, ces petites serres sans lesquelles il serait impossible de manger des tomates et des concombres tout frais.

On jardine à Iqaluit et à Inuvik, des villes du cercle polaire. À Iqaluit, les jardiniers ont réquisitionné un aréna, devenu inutile, pour y installer de grands bacs de terreau. En été, on fait entrer l'air du nord par la porte grande ouverte, tellement il fait chaud. Là-bas, les jours d'été et leur soleil infatigable font croître les plantes plus vite. On voit aussi des serres domestiques à Yellowknife. Et partout, des passionnés qui savent en parler. Ils ne défient pas le temps, ils «font avec»! Et jouent avec toutes ses possibilités.

À l'échelle planétaire, le jardinage urbain apporte une réponse aux crises : environnementale, alimentaire et financière. Les projets de micro-jardinage, de potagers, d'agriculture de proximité poussent partout.

C'est à Londres que sont nées les *Green Guerillas* : commandos nocturnes qui, en deux coups de pelle, transforment un coin de fardoches en plate-bande ou en potager. La ville encourage maintenant ses résidents à produire une partie de leur nourriture et met à leur disposition terrains vagues, espaces verts désaffectés pour les transformer en potagers. Se nourrir correctement commence quelquefois dans sa propre cour.

Comme quoi tous les calculs ne vont pas systématiquement démontrer l'avantage de la proximité. Les très grands producteurs qui maximisent le nombre de fruits par boîte, le nombre de boîtes par conteneurs, le nombre de conteneurs par bateau en viennent à prouver, hors de tout doute, la supériorité de leur système à ce chapitre. C'est de cette manière, que l'agneau anglais aurait été détrôné par l'agneau de Nouvelle-Zélande, sur son propre marché.

En riposte, les promoteurs du kilomètre-aliment rappellent que leur démarche s'appuie sur la diversité alimentaire et agricole et qu'il s'agit d'une approche écosystémique de l'alimentation. Ce redéploiement des achats en direction des entreprises agricoles et alimentaires locales pourrait avoir des impacts en termes d'emploi et d'occupation du territoire, en éduquant les urbains tout autant que les ruraux à l'agriculture. La proximité permet le contact, l'échange, la critique. Plus facilement que l'éloignement.

Plusieurs parlent maintenant de circuits courts. Le concept, défini par Gavin Parker de l'Université de Reading en Grande-Bretagne, vise deux choses : réduire le nombre d'intermédiaires et/ou la distance. Un circuit court fort combine les deux ; un circuit faible ne touche qu'un des deux aspects. C'est ce que font un nombre grandissant d'agriculteurs qui ont délaissé les filières traditionnelles au moment d'écouler leurs produits pour se tourner vers la vente directe aux consommateurs et aux commerçants. Un agriculteur qui livre directement sa récolte ou sa viande à l'épicerie locale sans être passé par un grossiste s'inscrit dans ce courant. Plusieurs l'ont fait après s'être découragés de la chute des prix, laquelle a été fortement influencée par la concurrence des produits importés. Le piège d'exiger des aliments toujours moins chers se répercute jusque dans les champs, les nôtres et ceux d'ailleurs.

Le jardin potager d'Inuvik, au nord du cercle polaire.

On complique l'affaire? Les étiquettes carbone apparaissent sur un nombre grandissant de produits alimentaires en Europe, notamment en Grande-Bretagne. Il s'agit de mesurer, selon le type de production et de transport, le bilan environnemental d'un produit au plan de la production des gaz à effet de serre. Résumé en une phrase, ça semble très simple, mais c'est un calcul complexe qui va de la régie de culture (labour, type de fertilisant, préparation du champ), au mode de transport, d'entreposage et de distribution. Un exercice auquel devrait s'ajouter ce que consomme le véhicule de l'acheteur. Sortir de chez soi pour aller, en auto, chercher un litre de lait par exemple, c'est déplacer un monstre de 1 000 kilos, pour récupérer un contenant d'un kilo !

En Europe, l'étiquetage environnemental se taille maintenant une place sur les produits, à côté des informations nutritionnelles et, quand cela s'y prête, d'une certification. Vous pourriez donc observer sur un même emballage, le total des calories, le logo de la certification biologique, le nombre de grammes de CO_2 émis. «Il s'agit d'une information supplémentaire à ajouter dans son tableau de bord et qui va entraîner la chaîne de l'offre.» Christine Cros, chef du Département Éco-conception et Consommation durable à l'Agence de l'Environnement et de la Maîtrise de l'Énergie (ADEME), en France, participe à la réflexion française sur la question et explique les tendances européennes et les nuances nationales.

«Alors que les Anglais se sont concentrés sur l'étiquetage carbone, la France opte pour un étiquetage multi-impacts. Quelle est la toxicité d'un détergent? Quelle est sa biodégradabilité dans l'environnement? Quels pesticides ont été utilisés pour obtenir tel ou tel végétal? Ce sont des questions que nous pourrions nous poser et les réponses obtenues pourront nous aider à classer le produit quant à son impact environnemental.» Dans la foulée du Grenelle de l'environnement, cet exercice de réflexion qui a regroupé politiciens, industriels, agriculteurs et écologistes pour dessiner des objectifs communs dans lesquels la préoccupation environnementale occupera une place importante, les Français ont choisi d'étiqueter tous leurs produits alimentaires sous plusieurs indicateurs. Objectif temporel? Le premier janvier 2011. D'ici là, des dizaines de milliers de produits devront être analysés; il faudra déterminer le type d'étiquetage et le faire connaître aux acheteurs. La tâche est colossale.

J'ai demandé à Christine Cros si on ne risquait pas d'égarer les consommateurs, déjà confus devant toutes ces informations, publicités et certifications. Elle croit au contraire que les gestes d'achat s'en trouveront simplifiés. «Vous pourrez, en toute connaissance de cause, choisir ce qui a le moins d'impact sur l'environnement.» Quand je lui demande où se situent toutes ces autres données: santé, autonomie alimentaire et où se cache le plaisir de cuisiner dans cette démarche, elle répond que l'environnement doit «entrer dans la prise de décision, mais qu'il ne doit pas la dicter. Plus on fournira d'information au citoyen, plus on le rendra libre d'agir sur là où il peut, le plus facilement. Aujourd'hui, on dit aux gens: oubliez l'auto, prenez votre vélo, les transports en commun; le discours a du mal à se diversifier. Plus il y aura d'indicateurs, plus les gens pourront agir sur ce sur quoi ils peuvent jouer.»

Nos emballages contiendront peut-être bientôt, en plus de la marque du produit, sa valeur nutritionnelle et la date de péremption (ce qu'on connaît actuellement) des indications sur les certifications (bio, appellation contrôlée, etc.), le fait qu'il s'agit d'un produit issu du commerce équitable, des indications sur le bilan carbone, si nous allons à notre tour dans cette direction.

Nous n'en sommes pas là mais la tendance est nette. Qui dit que le bilan environnemental ne s'ajoutera pas bientôt aux contraintes réglementaires qui seront imposées aux produits destinés aux marchés d'exportation? Quels seront les impacts de toutes ces règles nouvelles sur les petits: paysans, agriculteurs, artisans de la table, petits transformateurs? Les défis se posent aussi pour eux: ils devront, bien que certaines réglementations nationales fassent preuve de souplesse à leur endroit, continuer de s'adapter à des contraintes sanitaires en constante mouvance. Au chapitre de la distribution, ils n'auront d'autres choix que de rationaliser leurs déplacements, de revoir les étapes de la production. Bientôt, dans ces initiatives de lutte au réchauffement climatique, leurs émissions de gaz à effet de serre seront comparées à celles des géants. Un avantage comparatif qu'ils sont en mesure de remporter. On pourrait penser que c'est David contre Goliath. Imaginons plutôt que c'est le Petit Poucet qui, à pied, ramène ses frères à la maison et à la raison.

Nomades toujours

Shish kebabs, rouleaux de printemps, gyros, pemmican, crêpes, hot-dogs, sandwichs. Ce n'est pas d'hier qu'on mange en marchant! Ces pains qui servent d'enveloppes, ces feuilles de riz à garnir, ces crêpes à farcir en sont autant de preuves.

Encore une fois rien de bien neuf sur le fond mais, en creusant, on constate que des changements plus importants ont surgi. Habitués pendant des générations à manger et à fabriquer les repas à la maison, nous nous appuyons de plus en plus sur ce qui se cuisine à l'extérieur. Dans les cuisines des restaurants et celles de l'industrie alimentaire. De ces milliers d'endroits, on tire une offre impressionnante. Quant à savoir si elle repose sur une gamme d'aliments variée, il faudrait y consacrer un autre ouvrage! Disons à tout le moins que nous avons le monde dans notre assiette. La cuisine de l'Afrique du Nord nous régale. On mange mexicain, indien, afghan. On a l'embarras du choix s'il s'agit de choisir une table vietnamienne ou végétarienne. Toutes proportions gardées, le Québec comme l'Île-du-Prince-Édouard se distinguent en ceci qu'ils comptent un peu plus de restaurants appartenant à des propriétaires indépendants qu'ailleurs au Canada.

C'est dans les cuisines de leurs restaurants que nos chefs ont fait valser les vieilles images des terroirs pour apprêter nos aliments autrement. Chez eux, des plats d'hier ont trouvé un avenir. À travers des complicités tissées avec des maraîchers, des fromagers, des éleveurs, ils ont donné un élan à certaines entreprises. Et ils n'ont pas encore fini de créer, de fouiller pour continuer de faire évoluer cette cuisine!

Manger à l'extérieur, ce n'est pas que manger au restaurant les soirs de fêtes. Nos petits commencent à manger en dehors de la maison dès qu'ils entrent à la garderie ou au centre de la petite enfance. Là où on devrait aussi apprendre à manger au jour le jour, à goûter à tout. Il m'arrive souvent de penser à cette femme qui faisait la cuisine à la garderie fréquentée par mes enfants. Elle cuisinait des lentilles, mettait régulièrement au menu des plats de légumineuses, leur apprenait à goûter des saveurs différentes. Elle a aussi contribué à leur éducation alimentaire.

Après, c'est l'école et son service de repas chauds ou la boîte à lunch. Enfin, une cafétéria. Je suis toujours secouée quand je traverse, à midi, une cafétéria d'école secondaire. Secouée par le bruit, la hâte, étonnée de voir combien de temps nos enfants mettent à manger, et triste devant ces plats surgelés, à moitié réchauffés au four à micro-ondes. Ils semblent pressés de quitter une table si peu appétissante!

Depuis longtemps, la *burgurisation* s'est étendue pratiquement jusque dans les cours des écoles secondaires. Comment lutter contre ces repas à coût modéré qui plaisent aux adolescents? Et comment, à l'intérieur même des écoles, concurrencer le prix des plats surgelés? Les défis sont énormes et le travail entrepris montre que le changement arrive à point, pour plusieurs. On travaille très fort actuellement pour trouver des solutions. Souhaitons seulement que le plaisir soit le principal ingrédient de ces nouvelles assiettes.

Alice Waters, propriétaire d'un restaurant reconnu en Californie, auteure de livres de cuisine et très active au sein du mouvement Slow Food, a financé l'aménagement d'un potager dans une cour d'école secondaire. Très vite, les élèves se sont mis à jardiner, puis, à goûter, si bien qu'on a transformé une salle de cours en cuisine pour qu'ils puissent poursuivre leurs apprentissages!

Je lis avec espoir ces récits d'agriculteurs de l'État de New York qui vont, de temps à autre, dans les écoles pour raconter leur travail et faire goûter la récolte. Pourquoi pas ici? Un petit peu à la fois? Plusieurs de nos enfants vont en voyage à la fin de l'année scolaire: Boston, New York et Washington sont leurs destinations de prédilection. Combien d'entre eux n'ont jamais mis les pieds en Abitibi? Sur la Côte-Nord? En Gaspésie? Imaginez une semaine de gastronomie locale, de visites de fermes, de forêts à explorer, de tours de bateaux, de homards à goûter et de montagnes à grimper!

Chez nos voisins américains, certains mènent d'audacieux projets «de la ferme à la table» et travaillent très fort à occuper le territoire des cafétérias scolaires avec les produits des agriculteurs d'un État. Chez nous, d'autres cherchent, espèrent, rêvent de voir des carottes québécoises au menu des écoles. Il faudra, pour y arriver, transformer des structures. Négocier jusque dans les champs. Après les fermiers de famille, pourquoi n'y aurait-il pas des fermiers des écoles? Il s'agirait d'un bien noble métier. Comme celui de chef de cuisine d'institution.

Équiterre tente de faire la promotion du bio dans les garderies et les hôpitaux. Même chose du côté de l'Europe où la restauration collective repose sur la responsabilité des communes et où on travaille à inclure une part grandissante d'aliments bio et locaux aux menus. Le mouvement mis en marche, il reste à dégager la route, à lever les obstacles. Un zeste d'imagination, le refus des «ça ne fonctionnera jamais», un assouplissement des règles d'achat… voilà quelques ingrédients d'une recette locale qui s'adresserait aux collectivités. Le même zeste d'imagination, des plats aux couleurs des cuisines des élèves immigrants, la découverte de nouveaux aliments, des ateliers de cuisine, etc. sont quelques-uns des éléments d'une recette scolaire à inventer.

Étape par étape, bouchée par bouchée, on revoit politiques et pratiques. On me dit que du côté de ceux qui approvisionnent les services collectifs, l'intérêt est vif. Plusieurs attendaient le signal. Se pourrait-il qu'un jour pas si lointain des enfants rentrent à la maison en disant: «J'ai bien mangé à l'école ce midi.»? Qu'avec une recette rapportée du service de garde s'engage un jeu d'échanges gourmands entre l'école et la maison ? N'écartons ni le plaisir ni la gourmandise. Nous avons tendance à les négliger. Si la gourmandise se traduit dans des plats savoureux et simples, qu'elle stimule la curiosité et qu'elle transforme un quotidien ordinaire en petites fêtes, je veux bien être accusée de gourmandise. Et vous aussi, sans doute.

L'essence de toutes ces gourmandises, c'est la cuisine. La négligée des dernières décennies, l'oubliée du quotidien, si populaire pourtant quand on la décrit dans ces milliers de livres qui paraissent chaque année ! Revenons à la case départ. Pas de temps pour déjeuner, un dîner sur le pouce, un souper coincé... Quand et comment cuisiner ? Impossible si on ne sait pas donner un peu de temps au temps. Et faire la part des choses entre ces plats préparés pour nous qu'il ne reste qu'à réchauffer et ces ingrédients qui nous simplifient la vie. Les Français parlent souvent des laitues, cultivées en terre et vendues pré-lavées pour illustrer ce que peut représenter l'aspect pratique pour s'offusquer de plats surgelés, cuisinés pour plaire à tout le monde, qui ne s'annoncent même plus par les odeurs de cuisson, puisqu'ils se réchauffent au four à micro-ondes !

J'ai la conviction profonde qu'avant même le repas, la cuisine (le lieu comme l'activité) demeure une occasion privilégiée d'établir un contact. Et que plusieurs enfants, adolescents ne demandent pas mieux que de rigoler autour d'une de leurs recettes préférées. Transformer des ingrédients tout simples pour en faire un plat, c'est une invitation à quitter le virtuel pour revenir au cœur de la vie de la maison. Je sais leur patience, comme je sais que la cuisine est l'apprentissage du travail bien fait, la maîtrise de quelques détails, en même temps qu'un lieu où laisser aller son imagination. Couper, mesurer, calculer correctement ses ingrédients, compter le temps, c'est une manière d'apprendre à respecter les règles. Mélanger les herbes d'un plat de pâtes, assaisonner autrement, une façon d'inventer.

« Si nous voulons rétablir la situation, considérer l'aliment autrement que par le biais de ses fractions (calories, nutriments etc.), il faut associer le mangeur à l'acte culinaire. » Jean-Pierre Corbeau et plusieurs autres sont formels. C'est par la cuisine que nous réapprendrons à manger, à goûter. C'est le fait de faire qui donnera la distance nécessaire pour juger.

PETITS BISCUITS POUR JOUR DE PLUIE

1. Prenez une des recettes de grand-mère.
2. Regroupez les ingrédients et approchez un petit banc, histoire de mettre le cuistot à la hauteur de la situation.
3. Sortez et nouez son tablier, bien serré. Roulez ses manches. Jouez une première fois dans l'eau puisqu'il faut d'abord se laver les mains.
4. Prévoyez un zeste de patience si, ce jour-là, vous êtes un peu fatigué.
5. Dans un premier bol, mêlez des histoires de vaches, de poules et de sirop d'érable pour raconter le beurre, les œufs, le sucre.
6. Dans l'autre, dites les champs d'avoine, de blé et glissez un peu de sel et de poudre magique, celle qui fait lever. Puis, emmenez-le… très… très loin, en voyage sur la route des épices.
7. Comptez, pour bien mesurer le lait.
8. Mélangez les histoires.
9. Divisez les biscuits en portions grosses comme le creux de sa main.
10. Enfournez vous-même s'il est trop jeune pour s'approcher du four chaud.
11. Surveillez la cuisson en retournant jouer dans l'eau… de vaisselle.
12. Dégustez bien chaud, en souriant.

Voilà une petite heure de bonheur à glisser dans les souvenirs.

C'est au fond, réapprendre à s'occuper de soi, en mangeant. C'est se «contenter», comme nous contente une séance de jogging, un grand tour à vélo parce que, jour après jour, on peut ne jamais se lasser de voir le même fleuve, de grimper la même côte. Quand on y pense, tout est différent : la température, l'inclinaison du soleil, la force du vent, l'humeur, l'humour… Même chose dans l'assiette. Tout se ressemble et tout diffère. La température (on ne mange pas la même chose selon qu'il fasse chaud ou froid), l'inclinaison du soleil (Quelle saison sommes-nous? Le printemps? L'hiver?), l'humeur (Comment s'est passée ta journée?)…

À moins d'y être forcé pour des raisons de santé, c'est mettre de côté tous ces dogmes, cures de jouvence, diètes, calculettes. Chaque repas n'a pas non plus à s'inscrire sur une liste d'expériences gastronomiques... Il est des sandwichs bien faits qui nous régalent, des soupes qui nous réconfortent comme il est des plats complexes qui déçoivent parce que ce jour-là, c'est comme ça! *In defense of food*, le manifeste du mangeur de Michael Pollan, se résume ainsi: «Mangez des aliments. Pas trop. Essentiellement des plantes... Et ne mangez rien que votre arrière-grand-mère n'ait été en mesure d'identifier[48]!» (notre traduction)

Retrouvons la cuisine, celle du quotidien. Ancrons ce quotidien dans le voisinage. Mangeons un peu de tous ces ailleurs grâce aux recettes et aux épices et refusons l'idée qui nous permettrait de manger partout la même chose. Inventons des façons de manger ensemble. Oublions, le temps d'un repas, l'actualité, les conflits, la publicité pour parler de tout, de rien et nous intéresser à ce qu'il y a dans et sous l'assiette. Redécouvrons le resto pour ce qu'il est: un endroit où, pour un repas, on abandonne à d'autres le soin de nous nourrir, de nous faire plaisir. Exigeons que nos petits, nos ados, nos grands-parents, mangent bien. Rappelons-nous que qualité et simplicité peuvent aller de pair. Même quand il s'agit d'attraper un sandwich de dernière minute pour le manger en marchant. Nomades curieux de découvertes, sédentaires soucieux de s'ancrer. C'est aussi ce que nous sommes.

---

48. Pollan, Michael, *In Defense of Food. An Eaters Manifesto*, New York, The Penguin Press, 2008.

CHAPITRE 4
Petits périples au centre de leur assiette

J'étais à des milliers de kilomètres de chez moi, à écrire, relire, chercher des opinions et confronter des idées. Au fil des jours, j'ai pensé à ceux et celles qui, au hasard des rencontres, des entrevues (les miennes comme celles de mes collègues) ont ouvert la porte sur des idées nouvelles. Des gens qui ont éclairé différemment le paysage et l'assiette. La nôtre, comme celles des autres.

Je leur ai présenté ce livre, en leur demandant de me parler de ce qui se trouve au centre de leur assiette, pour refléter toutes ces préoccupations alimentaires.

Je les ai choisis parce que j'estime leur opinion juste et sensible et que leurs univers, une fois réunis, constituent une belle diversité d'idées. Ils ont accepté ma proposition avec beaucoup de générosité. Je les remercie du fond du cœur.

Normand Bourgault
Professeur de marketing à l'Université du Québec en Outaouais

Nous sommes originaires du même fleuve, des lieux où, dépouillé de ses allures de rivière, il prend ses aises vers le grand large. Là où tant de sculpteurs ont fait tourner le bois jusqu'à en faire des personnages, il a compris le sens du terroir, celui de la fête, la force d'un village. Aujourd'hui, Normand Bourgault lit chiffres et statistiques pour comprendre ce qui grouille dans nos campagnes, nos usines, nos épiceries, en témoin privilégié de toutes ces audaces.

« La culture intègre un ensemble de réponses adaptées à l'environnement local. Plus spécifique, la culture alimentaire détermine ce que nous mangeons, comment nous l'apprêtons et les circonstances sociales de la consommation. Même si les systèmes de transport actuels ont libéré l'alimentation locale des contraintes du climat, les conditions géographiques locales conditionnent encore la disponibilité et la diversité des produits alimentaires. Les cultures alimentaires régionales s'avèrent particulièrement en harmonie avec les ressources locales. Dans un monde où l'Homme devient un *homo toxicus*, le retour aux racines de la culture alimentaire des régions permet de se nourrir localement pour agir globalement. Une voie parmi d'autres pour que cesse la déprédation humaine.

Aidez-vous de votre fourchette. Semez votre culture. Assurez-vous que le sol soit riche en nutriments historiques. Arrosez de paroles, de discours, de grandes envolées, de fêtes au village et à la ville. La terre fournira. Faites réfléchir la lumière des savoirs ancestraux et des traditions pérennes ou nouvelles. Cueillez sans violence. Pour la suite du monde, cultivez. »

Guy Debailleul
Titulaire de la Chaire en développement international de l'Université Laval et professeur d'économie agroalimentaire

Il sait donner un visage à la crise alimentaire, préoccupé par le sort de ces millions de paysans abandonnés dans le sillage de la mondialisation. Guy Debailleul explique, va voir ailleurs, travaille à créer des solidarités nouvelles. Nord-Sud, Sud-Nord. Et il voit des différences et des ressemblances.

« Je rêve souvent de retrouver dans mon assiette une de ces poires du verger de mes parents qui, lorsque j'étais enfant, cultivaient une petite ferme de polyculture-élevage dans le Nord de la France. La popularité de ces poires était telle dans le village que mes parents en faisaient le commerce. Lorsque des poires venues d'ailleurs firent leur apparition à l'épicerie du village, la demande baissa. Il arriva bientôt un temps où même à titre gratuit, elles ne trouvaient plus preneur. Les poiriers furent délaissés puis abattus. Depuis, combien de fois n'ai-je pas entendu les vieux de mon village regretter le goût de ces poires tout en se lamentant sur la fadeur de celles trouvées au supermarché ? Et pourtant, par leur intérêt pour les produits venus d'ailleurs, ils avaient contribué à faire disparaître une variété locale.

La consommation des fruits illustre bien à quel point notre alimentation, longtemps enfermée dans des habitudes dictées par les disponibilités locales, a basculé dans un attrait de l'exotique que la baisse des coûts de transport, l'industrialisation des méthodes de production et l'exploitation du travail des paysans a rendu abordable et... banalisé. De la pomme ou la poire locale on est passé à l'orange, à la banane moins chère qu'un kilo de pommes de terre, au kiwi, à la mangue, à la grenade. Dans les pays producteurs, ces engouements bien orchestrés ont suscité bouleversements des économies locales, crises de surproduction et destructions environnementales.

Je rêve d'un monde dans lequel les enfants de tous milieux pourraient s'éveiller au goût des fruits en commençant par ceux de leur jardin, puis ceux cueillis dans les vergers de leur région ou achetés sur les marchés locaux avant de comparer leurs mérites à ceux des fruits venus d'ailleurs, pour enfin découvrir que le charme d'une région se reflète dans le goût de ses fruits. »

Françoise Kayler
Longtemps critique gastronomique au quotidien *La Presse*, elle milite aujourd'hui activement au sein de Slow Food Québec[49, 50]

Qui dit que la retraite est faite pour se reposer? Arrivée à la sienne, Françoise Kayler s'est engagée dans l'effort de sauvegarde de la vache canadienne, a resserré les liens avec le terroir et fait sienne la doctrine de Slow Food. «Agent liant», «additif essentiel», elle crée des ponts, fait circuler des idées et défend la cuisine comme la protection de la biodiversité.

« Vous n'avez pas l'air dans votre assiette, en effet!

Peut-être parce qu'elle est trop pleine et les autres trop maigres...

Peut-être parce que les rayons des supermarchés débordent et ceux des banques alimentaires se vident.

Parce que je ne sais plus ce qu'il y a dans mon assiette!

On nous dit de lire les étiquettes. Depuis quand faut-il savoir lire pour manger?

Depuis que l'on a donné à d'autres le soin de nous nourrir. Et ceux à qui on a laissé prendre cette responsabilité, ont-ils pour objectif de nous nourrir ou de faire de l'argent?

On parle de gastronomie et on ne sait plus faire la cuisine. On ne sait même plus comment, simplement, faire à manger...

Qu'y a-t-il dans une assiette? Que devrait-il y avoir?

Une histoire. Celle de la rencontre d'une agriculture et d'une culture. Celle de la rencontre d'un producteur et d'un transformateur.

Les producteurs, les artisans ont fait un beau bout de chemin.

Les consommateurs, les transformateurs que nous sommes devraient commencer à réfléchir sérieusement à prendre nos responsabilités et à devenir des consomm'ACTEURS.

Ceci a été écrit il y a plus de 200 ans, mais mérite toujours réflexion: «La destinée des nations dépend de la manière dont elles se nourrissent». (Brillat-Savarin, 1755-1826) »

---

49. www.slowfoodquebec.com
50. Voir le blogue de Françoise Kayler: http://gastronote.blogspot.com

Marie Marquis
Directrice de NUTRIUM, le Centre de référence en nutrition de l'Université de Montréal

Je me rappelle du plaisir que Marie Marquis a eu à parler à la radio d'une ré-édition de La Cuisine raisonnée, *levant son chapeau aux Dames de la Congrégation et à toutes ces Dames des chaudrons. Scientifique, spécialiste de la nutrition, elle sait parler simplement de cuisine et d'alimentation. Avec délicatesse, sans jamais faire de morale.*

« *À tous ces parents dont les jeunes enfants ne savent pas manger!*

Dans l'assiette d'un enfant, il y aurait des aliments que des parents auraient préparés pour lui, à portée de son regard, de son nez et de ses oreilles. Il y aurait des aliments présentés en quantité suffisante et non en abondance. Il y aurait sous l'assiette, la table de la maisonnée pour manger et partager à l'heure sonnée par les parents. Autour de cette table il y aurait place aux paroles. Il y aurait jour après jour une variété alimentaire introduite simplement, des traces de cultures, des noms de producteurs, le visage d'un fromager. La table serait un lieu harmonieux et non un lieu d'interdits, d'obligations parentales. Un lieu reflétant au fil des années les changements quelques fois lents mais permanents des parents désirant faire de la table un outil d'éducation alimentaire.

À toutes ces mamans pour qui l'alimentation pèse lourd!

Au centre de l'assiette déposée sur la table, il y a des poids. Le poids du repas à préparer, le poids corporel, le poids des rejets, le poids des attentes, le poids de l'information reçue, le poids des livres de recettes non lus, le poids de la culpabilité, le poids du temps qui file, le poids de la fatigue, le poids des dépenses alimentaires, le poids des sacs à ordures remplis de nourriture. Le poids de ne plus savoir comment remplir l'assiette sans casser d'assiettes. Repartons à la case départ, un pas à la fois. Intuitivement mamans, introduisez un seul changement à la fois. Un repas en famille par semaine! Un légume au souper! Un déjeuner une journée sur trois! Un fruit par jour! Puis dans deux mois, tentons d'ajouter deux repas en famille par semaine! Un légume au dîner! Un déjeuner tous les deux matins! Deux fruits par jour! Imaginons maintenant après un an! Un pas à la fois, mais toujours vers l'avant et les mamans se sentiront plus légères. »

Ghislain Picard
Chef de l'Assemblée des Premières Nations du Québec et du Labrador

En s'inquiétant de la perte des savoirs, comme de la disponibilité de certains aliments dans les communautés autochtones Ghislain Picard met en mots les préoccupations de ses pairs. Pour avoir eu le bonheur de vivre le makusham, (le repas festif traditionnel des Innus), je garde en mémoire la fierté et le plaisir d'offrir aux autres à la fois le rituel et les aliments, comme autant de preuves tangibles de la richesse d'une culture et de l'ingéniosité des anciens.

« Les cinq derniers siècles ont été témoins de bouleversements considérables sur la grande île de la Tortue, comme beaucoup de nos peuples définissent ces vastes territoires qui constituent les Amériques.

Il fut un temps où l'alimentation dans nos sociétés était en symbiose avec nos modes de vie qui étaient guidés par le territoire. Le castor, l'outarde, le porc-épic, le caribou occupaient la table, en particulier de nos sociétés nomades, sans compter tous les autres aliments appropriés à nos peuples sédentaires. D'ailleurs, beaucoup de ces aliments font partie du régime contemporain.

Un enchaînement de facteurs, de la dépossession territoriale jusqu'au changement alarmant de nos climats, a contribué à la précarité évidente de la ressource faunique qui constitue notre garde-manger.

Aujourd'hui, les quelques festins assortis de cette précieuse alimentation représentent un rendez-vous avec notre histoire et une occasion pour témoigner notre respect au Créateur pour ce qu'il nous apporte.

Cette triste réalité nous pose le défi d'adapter nos sociétés à ces changements et trouver les meilleures pratiques leur permettant de s'harmoniser avec la culture alimentaire de l'Autre, en continuant d'exploiter les bienfaits de l'alimentation traditionnelle. »

Claude Villeneuve
Directeur de la Chaire en éco-conseil de l'Université du Québec à Chicoutimi[51]

Je sais son amour de la pêche et du potager. Son admiration devant les saisons. Géant du pays des Bleuets, taillé d'un bloc, debout jour après jour pour prouver que le nord du 48ᵉ parallèle, sa mer intérieure, sa grande plaine défrichée peuvent nourrir et faire plaisir, Claude Villeneuve sait ramener à l'échelle d'un territoire des préoccupations d'envergure mondiale.

« Pour que chacun soit bien dans son assiette, il faudrait que tout le monde puisse voir clair. Voir d'où viennent nos aliments, les gens qui les ont produits, les terres et les ruisseaux, les océans et les côtes, les serres et les viviers qui nous nourrissent. Si tout cela va bien, alors je peux être bien et profiter sereinement de ce que je mange parce que j'aurai respecté la nature et le travail des humains. Malheureusement, c'est bien limité ce qu'on peut voir sur une étiquette !

Respecter ce que l'on mange, c'est se respecter soi-même. Si demain ma nourriture ne change plus au gré des saisons, je me sentirai débranché des saisons. Je perdrai le plaisir de l'unique, l'esprit de la fête, la richesse de découvrir la subtile distinction entre un produit frais et un produit qui n'en a que l'apparence. Si j'accepte cela, imaginez ce que je permets qu'on fasse à l'environnement ! »

---

51. Villeneuve, Claude et Richard, François, *Vivre les changements climatiques. Réagir pour l'avenir*, Québec, Éditions MultiMondes, 2007.

Laure Waridel
Écosociologue, auteure et cofondatrice d'Équiterre

Elle a contribué à cet élan de promotion de l'alimentation locale et biologique. Droite, les yeux grand ouverts sur le monde, Laure Waridel avance en semant ses convictions et en faisant germer des idées nouvelles sur son passage. Munie d'une détermination peu commune. Pour changer le monde, «un geste à la fois».

« Dans mon assiette, il y a une pomme biologique locale, un sushi fait de riz bio et équitable, de coriandre bio du Québec et de crevettes de Matane, ainsi qu'un biscuit préparé avec mes enfants. Nous y avons mis du beurre, de la farine et des flocons d'avoine tous bio et locaux ainsi que du sucre et des brisures de chocolat bio et équitable.

Quand je fais l'épicerie, je garde les *3N-J* en tête, un concept développé dans mon livre *L'envers de l'assiette et quelques idées pour la remettre à l'endroit*[52]. Un premier *N* pour *Nu*. Je choisis les aliments les *moins emballés possible*. Un deuxième *N* pour *Non loin*. Je privilégie les aliments *locaux*. L'ultime *N* est celui du *Naturel*. Je choisis les aliments les plus *biologiques possible*. Le *J* est pour *Juste*, parce que nos choix alimentaires peuvent contribuer à bâtir un système dans lequel chacun pourra manger à sa faim. C'est parce que nous sommes de plus en plus nombreux à voir plus qu'une pomme dans une pomme, un sushi dans un sushi et un biscuit dans un biscuit que le système change peu à peu. L'effet cumulatif est au cœur des problèmes comme des solutions qui se présentent à nous. C'est bien beau vouloir changer le monde, mais comme le dit si bien Diane Dufresne, il faut se rappeler que «le monde, c'est nous»! »

---

52. Waridel, Laure, *L'envers de l'assiette et quelques idées pour la remettre à l'endroit*, Montréal, Éditions Écosociété, 2005.

En guise de «vrai» dessert

Voilà ce qu'est une vraie miche. La nourriture terrestre par excellence, la beauté de la femme, la bonne santé de l'être, la possession de la terre, l'érection des clôtures, la codification du blé, le four familial, la farine, le métier, c'est le feu et c'est le lieu, la fortune de Weston, voilà ce que je vois dans une vraie rôtie beurrée, le matin, avant d'aller la gagner, cette croûte apparemment dorée. Mais la dorure du pain est un mensonge, comme toutes les dorures. Le pain n'a jamais rempli ses promesses. Il n'est pas donné, il n'est pas quotidien. En cette fin de siècle, ils se comptent par milliards ceux qui trouvent à en manquer.

Serge Bouchard[53]

J'ai consulté pour cette recherche, des statistiques inquiétantes sur cette planète qui chauffe, trouvé des chiffres effrayants pour dire la pauvreté et l'inéquité. Et j'ai déniché des idées nouvelles ; des solidarités contemporaines semées à la grandeur du monde qui, additionnées, finiront bien par germer. Je me suis laissé dire, par le biais de rapports internationaux, que certaines populations, apparaissant autrefois au bilan des moins biens bien nourries, mangent mieux.

J'ai croisé des gens inspirants, qui ne demandent pas mieux que de se remettre le nez dans leurs chaudrons et qui sentent qu'il y a, avec ces crises juxtaposées, une occasion à saisir.

J'ai entendu, à l'étranger, des agriculteurs reprendre les mots d'ici, pour décrire leur situation. Tous ont souhaité que se multiplient ces alliances stimulantes qui se créent avec les mangeurs ; pour que vivent les campagnes,

---

[53]. Bouchard, Serge, «Le pain», dans *L'homme descend de l'ourse*, Montréal, Boréal, collection Boréal compact, 2001.

que poussent les jardins de ville et que se mêlent la terre et la table, dans un rapport de proximité.

J'ai croisé un nombre impressionnant de mangeurs. Des hommes et des femmes qui, à travers leurs lunettes de sociologues, d'agronomes, d'économistes, de biologistes, de biochimistes, de nutritionnistes voient nos travers. Mais qui savent aussi la complexité et la richesse de notre rapport à la terre et qui se battent pour qu'elles perdurent. J'ai croisé des gens comme vous et moi, citoyens du monde ancrés à leur territoire, soucieux de bien manger et de comprendre ce qu'ils mangent. Des personnes qui, au jour le jour, brassent soupes et principes, sans encore tout à fait mesurer la portée de leurs actions isolées.

J'ai beaucoup songé à la crise alimentaire en tentant de comprendre comment, entre le début et la fin de la rédaction de ce livre, le nombre de mal nourris de la planète avait pu autant grimper, pour passer d'un peu plus de huit cents millions de personnes à un milliard. Je ne comprends toujours pas. Je crois saisir, en partie, le fonctionnement de ces rouages financiers, économiques; je sais que la population augmente, mais j'arrive mal à admettre que nous en soyons là. Dans certains pays, des ménages consacrent les trois quarts de leur budget à se nourrir. Et ce sont surtout les paysans qui ont faim.

J'ai, plus que jamais, la certitude de vivre dans un pays d'abondance. Ce climat n'est pas un frein. Pour nous, pour ceux qui suivront comme pour la terre, nous aurions intérêt à en jouir pleinement et à engranger vertement pour la saison blanche.

Imaginons que c'est l'hiver. Citrouilles et courges deviendraient des potages. Des légumes racines garniraient l'assiette; nous aurions posé sur la table un peu de truite, rapportée d'une excursion de pêche. Bleuets et canneberges nous régaleraient dans leurs sirops épicés. La provision de sirop d'érable diminuerait doucement. Nous aurions, à travers nos horaires chargés, trouvé du temps pour faire la cuisine. Nous entamerions le pain et la conversation. Nous parlerions encore de la terre, de ses humains, de ses humeurs. Mais, nous aurions retrouvé quelques racines, remis d'aplomb la table de cuisine, bêché des coins de terre et fait nos propres provisions, pour nous réconcilier avec nos quatre saisons.

En guise de « vrai » dessert

À semer, jardiner, cuisiner, au fil des rencontres avec des maraîchers, des éleveurs, des chefs cuisiniers et des marchands qui sèment, jardinent, cuisinent, nous serions devenus maîtres de notre assiette. Leurs savoirs, combinés à nos expériences culinaires, nous auraient rendus autonomes. Au fond, le détail de ce que nous mangeons n'est pas si important. Ce qui importe, c'est que vivent les saisons, éclatent des sourires de gourmandise, et que se manifestent les attentions que nous avons à l'égard de tous ces gens qui nous nourrissent, comme celles que nous avons pour la terre. Peut-être qu'en ce début de troisième millénaire c'est ça, être bien dans son assiette.

Bibliographie

Mise en appétit

De Rosnay, Joël et Stella, *La malbouffe. Comment se nourrir pour mieux vivre*, Paris, Olivier Orban/Seuil, collection Points Actuels, 1981, 178 p.

Feillet, Pierre, *La nourriture des Français. De la maîtrise du feu aux années 2030*, Versailles, Éditions Quae, 2007, 248 p.

Fischler, Claude et Masson, Estelle, *Manger. Français, Européens et Américains face à l'alimentation*, Paris, Ocha/Odile Jacob, 2008, 236 p.

Lang, Tim et Millstone, Erik. *The Atlas of Food. Who Eats What, Where and Why*, Myriad Brighton, Editions/University of California Press, 2008, 128 p.

Tahon, Thierry, *Petite philosophie de l'amateur de cuisine*, Toulouse, Éditions Milan 2007, 156 p.

Waridel, Laure, *Acheter, c'est voter. Le cas du café*, Montréal, Équiterre et les Éditions Écosociété, 2003, 178 p.

Bioclips +, *Que contient le panier d'épicerie des Québécois?* volume 10, numéro 5, décembre 2007.

La pomme

Coffe, Jean-Pierre, *Au bonheur des fruits*, Paris, Balland 1996, 610 p.

Cousineau, Johanne et Kanizadeh, Shahkrokh, *Les pommiers de chez nous*, Agriculture et Agroalimentaire Canada, 1998.

Hémon, Louis, *Maria Chapdelaine*, Montréal, Bibliothèque québécoise, 1990, 224 p. (format poche).

Lafrance, Marc, Desloges, Yvon, *Goûter à l'histoire. Les origines de la gastronomie québécoise*, Service canadien des parcs/Éditions de la Chenelière, 1989, 300 p.

Lambert, Michel, *Histoire de la cuisine familiale du Québec. Ses origines autochtones et européennes*, Québec, Les Éditions GID, 2006, 504 p.

Laszlo, Pierre, *Citrus*, Chicago, The University of Chicago Press, 2008, 288 p.

Le révérend père Léopold, *La Culture Fruitière dans la Province de Québec*, Institut agricole d'Oka, La Trappe, Québec 1914, 256 p.

Lettres de Marie de l'Incarnation, Lettre CXCVI, Québec, 1668.

Martin, Paul-Louis, *Les fruits du Québec. Histoire et traditions des douceurs de la table*, Québec, Éditions du Septentrion, 2002, 224 p.

La Presse, Montréal, 24 janvier 1903.

Rapport annuel de l'INIBAP, Montpellier, France, 2005.

Cultiver un patrimoine oublié. Les vergers anciens d'arbres fruitiers de la Côte-du-Sud, Ruralys, mai 2008.

World Watch Magazine, March/April 2008, volume 21, numéro 2.

Cidres et Vergers Pedneault : www.vergerspedneault.com

Gaspésie gourmande : www.gaspesiegourmande.com

Le temps des cerises : www.letempsdescerises.ca

Verger R.M. Ferland : www.produitsdelaferme.com/vergerferland/

Verger de l'Île Nepawa dans votre moteur de recherche

www.equicosta.com

www.worldheritagesite.org/sites/kuk.html

www.centrenature.qc.ca

Le sushi

Barbery, Muriel, *Une gourmandise*, Paris, Gallimard/Folio, 2000, 146 p.

Brown, Lester, *Le plan B. Pour un pacte écologique mondial*, Paris, Calmann-Lévy/Souffle Court Éditions, 2007, 415 p.

Clover, Charles, *The End of the Line: How Overfishing is Changing the World and What We Eat*, New York, The New Press, 2006, 384 p.

Dickner, Nicolas, *Nikolski*, Québec, Éditions Alto, 2005, 328 p.

Keable, Jacques, *La révolte des pêcheurs, l'année 1909 en Gaspésie*, Montréal, Lanctôt éditeur, 1996, 166 p.

Kurlansky, Mark, *La fabuleuse histoire de la morue. Un poisson à la conquête du monde*, Paris, JC Lattès 1999, 334 p.

Mazoyer, Marcel et Roudart, Laurence, *Histoire des agricultures du monde*, Paris, Seuil, 1997, 534 p.

Pauly, Daniel et Maclean, Jay, *In a Perfect Ocean*, Washington, Island Press, 2003, 208 p.

Plomer, Michèle, *Le Jardin sablier*, Montréal, Marchand de feuilles, 2007, 94 p.

Rivière, Sylvain, *Gaspésie rebelle et insoumise*, Montréal, Lanctôt éditeur, 2000, 164 p.

Halweil, Brian, *Catch of the Day, Choising Seafood for Healthier Oceans*, Worldwatch paper 172.

Richard Desjardins et Michel X Côté, «Le saumon», dans *Kanasuta*, disque compact, Production Foukinic, FUCD-6.

www.montereybayaquarium.org

www.snapqc.org

www.tagagiant.org

Le biscuit

Dorff, Erik et Ngo, Minh. *À la croisée des chemins : l'agriculture canadienne et les mouvements des aliments*, Statistique Canada, 2008.

Kingsolver, Barbara, *Un jardin dans les Appalaches*, Paris, Rivages, 2008, 520 p.

Lang, Tim et Heasman, Michael, *Food Wars. The Global Battle for Mouths, Minds and Markets,* Earthscan, Londres, 2007, 304 p.

Lang, Tim et Millstone, Erik, *The Atlas of Food. Who Eats What, Where and Why*, Myriad Brighton Editions/University of California Press, 2008, 128 p.

Nestle, Marion, *What to Eat. An Aisle-by-Aisle Guide to Savvy Food Choices and Good Eating*, North Point Press, New York, 2006, 624 p.

Pedroletti, Brice, «*Après le scandale de la mélamine, la Chine tente de faire le ménage*», *Le Monde*, Paris, 16 décembre 2008, cahier économie page III.

Petrini, Carlo, *Slow Food, Manifeste pour le goût et la biodiversité*, Gap, Éditions Yves Michel 2005, 204 p.

Pollan, Michael, *In Defense of Food. An Eaters Manifesto*, New York, The Penguin Press, 2008, 256 p.

Rouannet, Marie. *Mémoire du goût,* Paris, Albin Michel, 2004, 180 p.

Smith, Alisa et MacKinnon J.B. *The Hundred Mile Diet, a Year of Local Eating*. Toronto, Vintage Canada 2007, 272 p.

Allocution de présentation des travaux de la Commission sur l'avenir de l'agriculture et de l'agroalimentaire au Québec, janvier 2007. Voir le rapport publié en 2008 au www.caaaq.gouv.qc.ca

Rapport de la Commission sur l'avenir de l'agriculture et de l'agroalimentaire au Québec, *Assurer et bâtir l'avenir*, 2008.

La Bolduc, Mary Rose-Anne Travers. «Le commerçant des rues», dans *La Bolduc, L'intégrale*, disque compact. Analekta AN 2 7001-4.

Tremblay, Michel. «Le rêve de la sauceuse de chocolat» (musique de François Dompierre, chanson interprétée par Pauline Julien). *Mes amies d'filles*. Kebec-disk. KD-949.

www.extenso.org

www.granddictionnaire.com

www.streetfood.org

Petits périples au centre de leur assiette

Villeneuve, Claude et Richard, François, *Vivre les changements climatiques. Réagir pour l'avenir*, Québec, Éditions MultiMondes, 2007, 484 p.

Waridel, Laure, *L'envers de l'assiette et quelques idées pour la remettre à l'endroit*, Éditions Écosociété, 2005, 172 p.

www.slowfoodquebec.com

En guise de « vrai » dessert

Bouchard, Serge. «Le pain», dans *L'homme descend de l'ourse*. Collection Boréal compact, Montréal, Boréal 2001, 224 p.

Pour poursuivre sur ces histoires fruitières et halieutiques

Sur la crise alimentaire et les enjeux mondiaux : l'Organisation des Nations Unies pour l'alimentation et l'agriculture (FAO). www.fao.org

Et, *La souveraineté alimentaire, la seule option envisageable pour l'avenir*. Un document publié à l'occasion des Journées québécoises de la solidarité internationale en novembre 2008. www.aqoci.qc.ca

Pour ceux qui veulent tenter l'expérience de la diète «locale» : http://100milediet.org

www.davidsuzuki.qc.ca

www.equiterre.org

www.radio-canada.ca/semaineverte

www.slowfood.com

www.worldwatch.org

Si vous voulez ajouter votre grain de sel à la réflexion, me transmettre vos commentaires, vous pouvez écrire à l'adresse suivante :
petitsperiples@hotmail.com